"十四五"职业教育国家规划教材

职业教育
数字媒体应用人才培养系列教材

Animate

Animate 2020
微课版

动画制作与应用

周建国 ◎ 主编　　徐嵩松 ◎ 副主编

人民邮电出版社

北　京

图书在版编目（CIP）数据

Animate 动画制作与应用 ：Animate 2020 ：微课版 /
周建国主编. -- 北京 ：人民邮电出版社，2025.
(职业教育数字媒体应用人才培养系列教材). -- ISBN
978-7-115-57517-3

Ⅰ．TP391.414

中国国家版本馆 CIP 数据核字第 2025NK9214 号

内 容 提 要

本书分为上、下两篇：上篇为基础技能篇，包括项目 1～项目 11，主要介绍 Animate 2020 基础知识、绘制与编辑图形、对象的编辑和操作、编辑文本、外部素材的使用、元件和库、制作基本动画、图层与高级动画、声音的导入和编辑、动作脚本应用基础、组件和动画预设等内容；下篇为案例实训篇，包括项目 12～项目 16，分别安排动态标志设计、社交媒体动图设计、动态海报设计、电商广告设计、节目片头设计等应用领域的多个精彩案例，对动画制作与应用技术进行全面的分析和讲解。

本书适合作为高等职业院校数字媒体类专业 Animate 相关课程的教材，也适合作为 Animate 初学者的参考书。

◆ 主　　编　周建国
　　副 主 编　徐嵩松
　　责任编辑　王亚娜
　　责任印制　王　郁　焦志炜
◆ 人民邮电出版社出版发行　　北京市丰台区成寿寺路 11 号
　　邮编　100164　电子邮件　315@ptpress.com.cn
　　网址　https://www.ptpress.com.cn
　　保定市中画美凯印刷有限公司印刷
◆ 开本：787×1092　1/16
　　印张：15　　　　　　　　2025 年 8 月第 1 版
　　字数：376 千字　　　　　2025 年 8 月河北第 1 次印刷

定价：59.80 元

读者服务热线：(010)81055256　印装质量热线：(010)81055316
反盗版热线：(010)81055315

前言

Animate 是由 Adobe 公司开发的动画制作软件。它功能强大、易学易用，深受动画制作爱好者和设计人员的喜爱。目前，我国很多高等职业院校的数字媒体类专业都将 Animate 动画制作与应用作为一门重要的专业课程。为了帮助教师全面、系统地教授这门课程，使学生能够熟练地使用 Animate 来进行动画制作，我们几位长期从事 Animate 教学的教师共同编写了本书。

本书全面贯彻党的二十大精神，以社会主义核心价值观为引领，传承中华优秀传统文化，坚定文化自信。为使本书内容更好地体现时代性、把握规律性、富于创造性，我们对本书的知识结构体系进行了精心的设计。基础技能篇中的主要内容按照"软件功能解析 → 任务实践 → 项目实践 → 课后习题"这一思路进行编排。通过软件功能解析，学生可以快速熟悉软件功能和操作方法；通过任务实践，学生可以深入学习软件操作技巧和动画设计思路；通过项目实践和课后习题，学生可以提升实际应用能力。案例实训篇中的商业设计案例可以帮助学生了解实际工作需求，开拓创意思维，提高动画设计与制作水平。在内容选取方面，我们力求细致全面、重点突出；在文字叙述方面，我们做到言简意赅，让文字表述通俗易懂；在案例设计方面，我们注重案例的针对性和实用性。

本书提供书中所有案例的素材文件及效果文件。另外，为方便教师教学，本书配备 PPT 课件、教学大纲、电子教案等丰富的教辅资源，任课教师可到人邮教育社区（www.ryjiaoyu.com）下载并使用。本书的参考学时为 60 学时，其中，讲授环节占 38 学时，实训环节占 22 学时。各项目的参考学时参见学时分配表。

项　目	内　容	参 考 学 时	
		讲　授	实　训
项目 1	Animate 2020 基础知识	1	
项目 2	绘制与编辑图形	2	1
项目 3	对象的编辑和操作	2	2
项目 4	编辑文本	1	1
项目 5	外部素材的使用	2	1
项目 6	元件和库	2	1
项目 7	制作基本动画	2	1
项目 8	图层与高级动画	2	1
项目 9	声音的导入和编辑	1	1
项目 10	动作脚本应用基础	2	2
项目 11	组件和动画预设	1	1
项目 12	动态标志设计	4	2
项目 13	社交媒体动图设计	4	2
项目 14	动态海报设计	4	2
项目 15	电商广告设计	4	2
项目 16	节目片头设计	4	2
学 时 总 计		38	22

由于编者水平有限，书中难免存在不足之处，敬请广大读者批评与指正。

编　者

2025 年 3 月

本书教辅资源

资源名称	数量	资源名称	数量
教学大纲	1 份	PPT 课件	16 个
电子教案	1 套	微课视频	67 个

微课视频列表

项目	视频	项目	视频
项目 2 绘制与编辑图形	绘制引导页中的插画	项目 8 图层与高级动画	制作秋分节气海报
	绘制卡通花卉插画	项目 9 声音的导入和编辑	添加图片按钮音效
	绘制美食 App 图标		制作旅游类公众号首图
	绘制咖啡杯图标		制作夏至节气海报
	绘制大嘴鸟插画	项目 10 动作脚本应用基础	制作系统时钟
项目 3 对象的编辑和操作	绘制闪屏页中的插画		制作漫天飞雪效果
	绘制风景插画		制作箱包 App 主页 Banner
	绘制家具插画	项目 11 组件和动画预设	制作家用电器类公众号封面首图
	绘制卡通小马插画		制作旅行箱广告动画
	绘制黄昏风景插画		制作小风扇广告主图动画
项目 4 编辑文本	制作耳机网站首页	项目 12 动态标志设计	制作影视公司动态标志
	制作服饰类 App 主页 Banner		制作茶叶公司动态标志
	制作兰州牛肉拉面海报		制作手柄电子竞技动态标志
	制作文具广告 Banner		制作音乐平台动态标志
项目 5 外部素材的使用	制作运动鞋广告	项目 13 社交媒体动图设计	制作美食类公众号横版海报
	制作液晶电视广告		制作教师节小动画
	制作化妆品广告		制作社交媒体类公众号关注页
	制作旅游海报		制作社交媒体类公众号日签
项目 6 元件和库	制作新年贺卡	项目 14 动态海报设计	制作节日类动态海报
	绘制端午节卡通形象		制作油泼面广告动态海报
	绘制乡村风景插画		制作端午节动态海报
	制作加载条动画		制作甜品类广告动态海报
项目 7 制作基本动画	制作逐帧动画效果	项目 15 电商广告设计	制作锅具广告
	制作动态文化海报		制作空调扇广告
	制作饰品类公众号封面首图		制作美妆广告
	制作骨骼动画		制作女装广告
	制作镜头动画	项目 16 节目片头设计	制作家居装修 MG 动画片头
	制作元宵节海报		制作电子数码 MG 动画片头
	制作海滨城市动画		制作食品餐饮 MG 动画片头
项目 8 图层与高级动画	制作电商广告		制作早安动画片头
	制作手表广告主图动画		
	制作化妆品广告主图动画		

扩展知识扫码阅读

设计基础

✔认识形体　　✔透视原理

✔认识设计　　✔认识构成

✔形式美法则　　✔点线面

✔基本型与骨骼　　✔认识色彩

✔认识图案　　✔图形创意

✔版式设计　　✔字体设计

>>>

设计应用

✔创意绘画　　✔图标设计

✔装饰设计　　✔VI设计

✔UI设计　　✔UI动效设计

✔标志设计　　✔包装设计

✔广告设计　　✔文创设计

✔网页设计　　✔H5页面设计

✔电商设计　　✔MG动画设计

✔网店美工设计　　✔新媒体美工设计

目 录

目 录

下篇　案例实训篇

目 录

上篇 基础技能篇

01 项目 1
Animate 2020 基础知识

项目导入

本项目主要讲解 Animate 2020 的基础知识。通过学习本项目的内容，学生可以认识和了解 Animate 2020 工作界面，并掌握文件的基本操作方法和技巧，为以后的动画设计和制作打下坚实的基础。

项目目标

✔ 熟悉 Animate 2020 的工作界面。

技能目标

✔ 能够对文件进行基本操作。

素养目标

✔ 培养对新知识的探索精神。
✔ 提高计算机操作水平。

任务 1.1　熟悉工作界面

Animate 2020 的工作界面由菜单栏、工具箱、场景和舞台、时间轴面板、属性面板及浮动面板等组成，如图 1-1 所示。

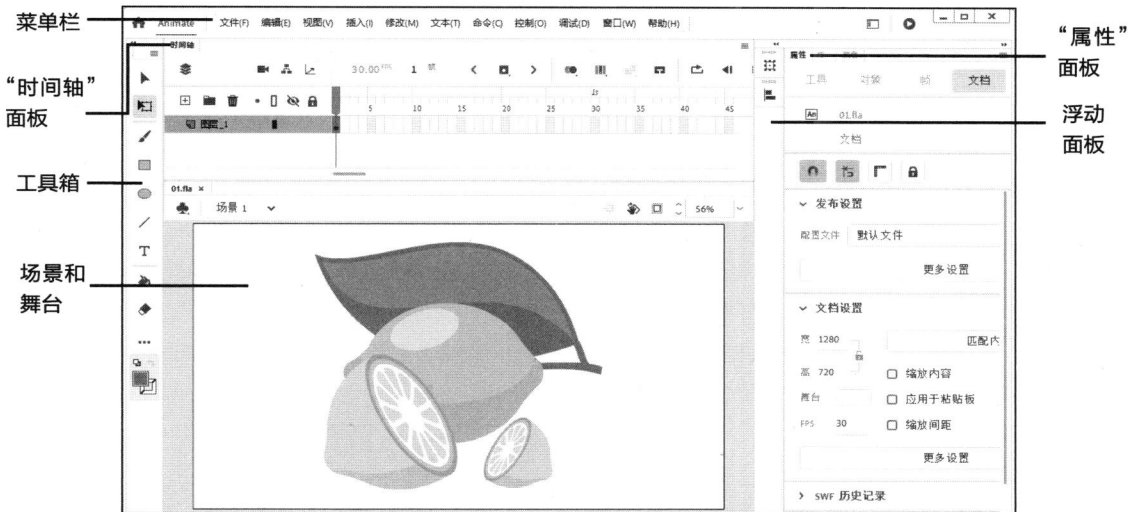

图 1-1

任务 1.2　掌握文件操作

要使用 Animate 绘图，可以在 Animate 中新建一个空白文件。如果要对图形或动画进行修改和处理，就需要在 Animate 中打开对应的文件。而且，在修改和处理图形或动画后，可以将文件进行保存。下面将讲解如何新建、保存和打开文件。

1.2.1　新建文件

新建文件是使用 Animate 2020 进行设计的第一步。

选择"文件 > 新建"命令，弹出"新建文档"对话框，如图 1-2 所示。在该对话框的上方选择要创建文件的类型，在"预设"选项组中选择需要的尺寸，也可以在"详细信息"选项组中自定义尺寸、单位、帧速率和平台类型，设置完成后，单击"创建"按钮，即可完成新建文件的任务，如图 1-3 所示。

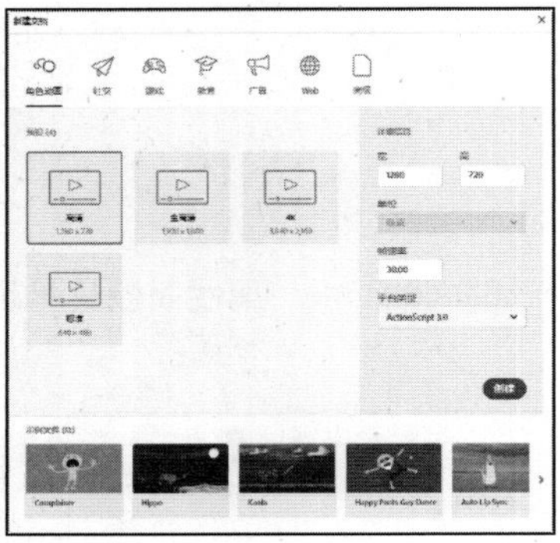

图 1-2

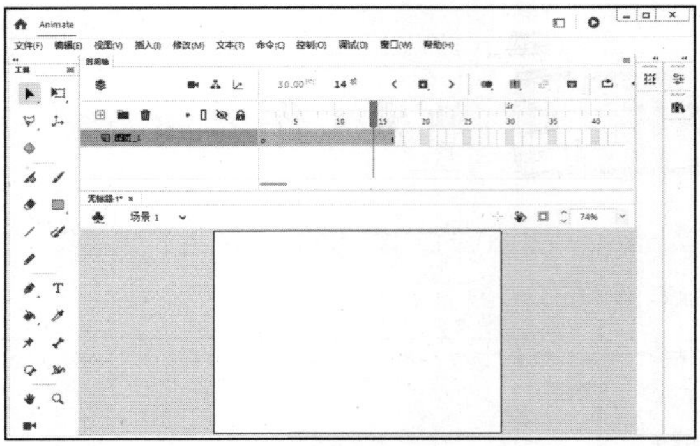

图 1-3

1.2.2　保存文件

编辑和制作完动画后，需要将文件进行保存。

通过"文件 > 保存"命令或按 Ctrl+S 组合键、"文件 > 另存为"命令或按 Ctrl+Shift+S 组合键，可以将文件保存在磁盘上，如图 1-4 所示。在对设计好的作品进行第一次存储时，选择"文件 > 保存"命令，弹出"另存为"对话框，如图 1-5 所示。在该对话框的"文件名"文本框中输入文件名，选择保存类型，单击"保存"按钮，即可将作品保存。

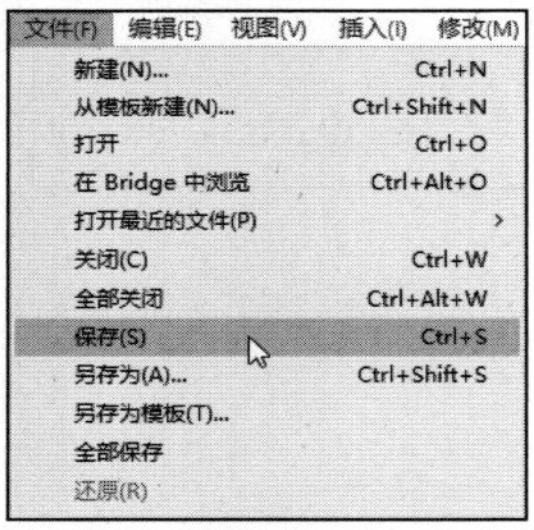

图 1-4

图 1-5

> **提示**　当对已经保存过的文件进行了各种修改操作后，选择"文件>保存"命令，将不弹出"另存为"对话框，计算机直接保留最终确认的结果，并用该结果覆盖原文件。因此，在未确定要放弃原文件之前，应慎用此命令。

若既要保留修改过的文件，又不想放弃原文件，可以选择"文件 > 另存为"命令，弹出"另存为"对话框。在该对话框中，可以为修改过的文件重命名、选择保存路径并设定保存类型，然后进行保存。这样，原文件保留不变。

1.2.3　打开文件

如果要修改已完成的文件，必须先将其打开。

选择"文件 > 打开"命令，或按 Ctrl+O 组合键，弹出"打开"对话框。在该对话框中搜索路径和文件，确认文件类型和文件名，如图 1-6 所示。然后单击"打开"按钮，或直接双击文件，即可打开指定的文件。打开的文件如图 1-7 所示。

图 1-6

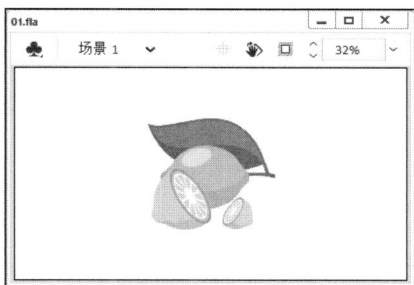

图 1-7

技巧

　　通过"打开"对话框，可以一次同时打开多个文件。只要在文件列表中同时将所需的几个文件选中，并单击"打开"按钮，系统就会逐个打开这些文件，从而避免多次调用"打开"对话框。在"打开"对话框中，按住 Ctrl 键并单击文件，可以选择不连续的文件；按住 Shift 键并单击文件，可以选择连续的文件。

任务实践——文件的基本操作

任务学习目标

学习并掌握文件的基本操作方法和技巧。

任务知识要点

使用"打开"命令打开文件，使用"新建"命令新建文件，使用"保存"命令和"关闭"按钮保存并关闭文件。文件的基本操作效果如图 1-8 所示。

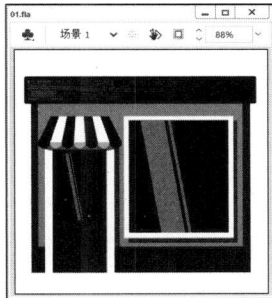

图 1-8

效果所在位置

云盘/Ch01/效果/文件的基本操作.fla。

（1）打开 Animate 2020 软件，选择"文件 > 打开"命令，在弹出的"打开"对话框中，选择云盘中的"Ch01 > 素材 > 文件的基本操作 > 01.fla"文件，如图 1-9 所示，单击"打开"按钮，打开文件。打开的文件如图 1-10 所示。

图 1-9

图 1-10

（2）按 Ctrl+A 组合键全选图形，如图 1-11 所示。按 Ctrl+C 组合键复制图形。选择"文件 > 新建"命令，在弹出的"新建文档"对话框中进行设置，如图 1-12 所示，设置完成后，单击"创建"按钮，新建一个空白文档。

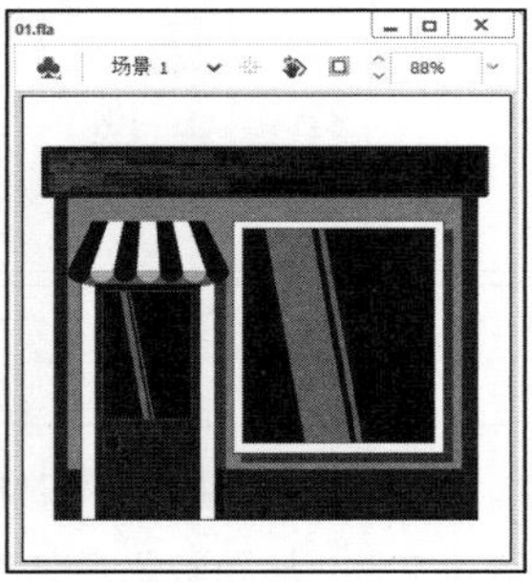

图 1-11

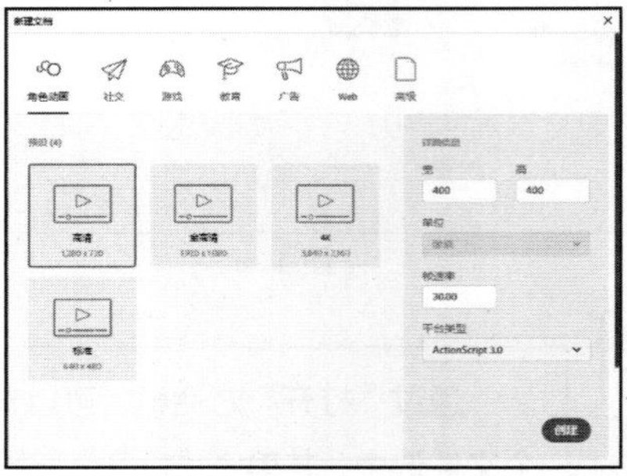

图 1-12

（3）按 Ctrl+V 组合键粘贴图形到新建的空白文档中，并用鼠标将图形拖曳到适当的位置，如图 1-13 所示。选择"文件 > 保存"命令，弹出"另存为"对话框，在"文件名"文本框中输入文件的名称，如图 1-14 所示，单击"保存"按钮保存文件。

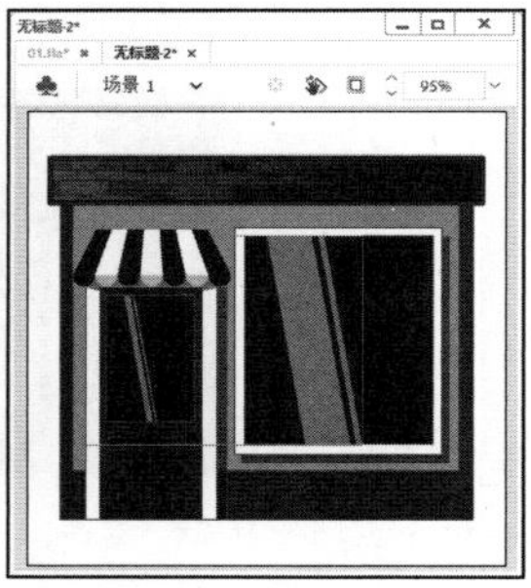

图 1-13

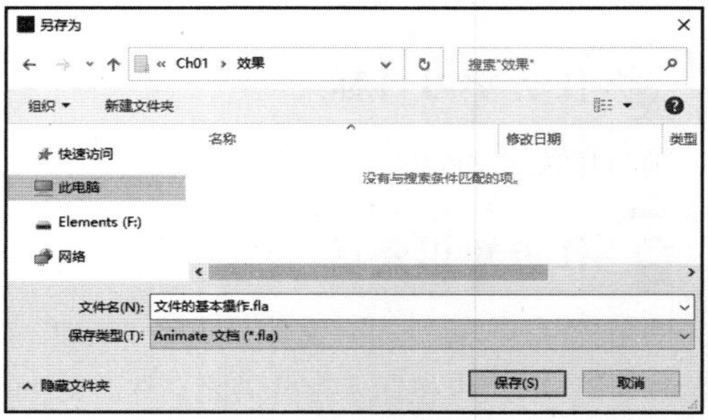

图 1-14

（4）选择"文件 > 导出 > 导出影片"命令，弹出"导出影片"对话框，在"文件名"文本框中输入新的文件名称，在"保存类型"下拉列表中选择"SWF 影片(*.swf)"，如图 1-15 所示，单击"保存"按钮，完成影片的导出。

（5）单击舞台窗口右上角的按钮 ⊠，弹出提示对话框，如图 1-16 所示。单击"否"按钮，关闭窗口。再次单击舞台窗口右上角的按钮 ⊠，关闭打开的"01"文件。单击软件工作界面中菜单栏右侧的"关闭"按钮 ⊠ ，可关闭软件。

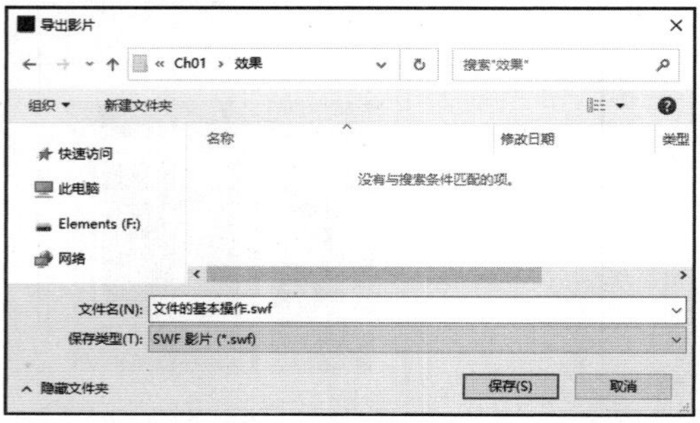

图 1-15

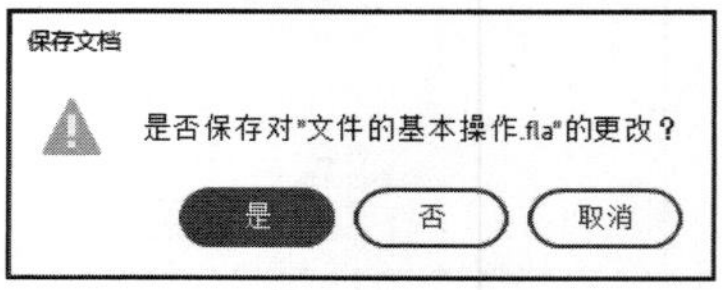

图 1-16

02

项目 2
绘制与编辑图形

项目导入

　　本项目主要讲解 Animate 2020 的绘图功能、图形的选择和编辑方法、图形色彩应用。通过学习本项目的内容，学生可以熟练运用绘制工具、编辑工具，以及图形颜色面板，设计并制作出精美的图形和图案。

项目目标

- 掌握绘制基本线条与图形的方法。
- 掌握选择图形的方法和技巧。
- 掌握编辑图形的方法和技巧。
- 掌握图形色彩的应用方法。

技能目标

- 能够绘制引导页中的插画。
- 能够绘制卡通花卉插画。
- 能够绘制美食 App 图标。

素养目标

- 培养基础的绘图能力。
- 培养夯实基础的学习习惯。

任务 2.1 绘制与选择图形

使用 Animate 软件制作的任何充满活力的作品都是由基本图形组成的。Animate 提供了各种可以用来绘制线条、图形或动画运动的路径的工具。若要在舞台上修改图形对象，则需要先选择对象，再对其进行修改。

2.1.1 线条工具和铅笔工具

1．线条工具

应用线条工具可以绘制不同颜色、宽度、线型的直线。启用"线条"工具╱，有以下两种方法：

- ▣ 单击工具箱中的"线条"工具╱；
- ▣ 按 N 键。

> **提示**
>
> 　　使用"线条"工具╱时，如果在按住 Shift 键的同时拖曳鼠标进行绘制，则只能在 45°或 45°的倍数方向绘制直线。

2．铅笔工具

应用铅笔工具可以像使用铅笔实物一样在舞台中绘制出任意的线条和形状。启用"铅笔"工具✎，有以下两种方法：

- ▣ 单击工具箱中的"铅笔"工具✎；
- ▣ 按 Shift+Y 组合键。

2.1.2 椭圆工具和基本椭圆工具

1．椭圆工具

选择"椭圆"工具⬭，在舞台上单击，按住鼠标左键不放，向需要的位置拖曳鼠标，可以绘制出椭圆图形；如果在按住 Shift 键的同时绘制图形，则可以绘制出圆形。启用"椭圆"工具⬭，有以下两种方法：

- ▣ 单击工具箱中的"椭圆"工具⬭；
- ▣ 按 O 键。

2．基本椭圆工具

"基本椭圆"工具⬭的使用方法和功能与"椭圆"工具⬭的相同，两者唯一的区别在于使用"椭圆"工具⬭必须先设置椭圆属性再绘制，绘制好之后不可以更改椭圆属性，而使用"基本椭圆"工具⬭，在绘制前设置椭圆属性和绘制后设置椭圆属性都是可以的。启用"基本椭圆"工具⬭，有以下两种方法：

- ▣ 单击工具箱中的"椭圆"工具⬭，在工具下拉列表中选择"基本椭圆"工具⬭；
- ▣ 按 Shift + O 组合键。

2.1.3 矩形工具和基本矩形工具

1. 矩形工具

应用矩形工具可以绘制出不同样式的矩形。启用"矩形"工具 ▣，有以下两种方法：

▶ 单击工具箱中的"矩形"工具 ▣；

▶ 按 R 键。

2. 基本矩形工具

"基本矩形"工具 ▣ 和"矩形"工具 ▣ 的区别与"椭圆"工具 ⬭ 和"基本椭圆"工具 ⬬ 的相同。启用"基本矩形"工具 ▣，有以下两种方法：

▶ 单击工具箱中的"矩形"工具 ▣，在工具下拉列表中选择"基本矩形"工具 ▣；

▶ 按 Shift + R 组合键。

2.1.4 多角星形工具

应用多角星形工具可以绘制出不同样式的多边形和星形。启用"多角星形"工具 ⬡，有以下一种方法：

▶ 单击工具箱中的"多角星形"工具 ⬡。

2.1.5 画笔工具

应用画笔工具可以像现实生活中使用刷子涂色一样在舞台中实现类似的绘画效果，如书法效果就可以使用画笔工具实现。

1. 使用填充颜色绘制

应用画笔工具可以用填充颜色绘制图形。启用"画笔"工具 ✏，有以下两种方法：

▶ 单击工具箱中的"画笔"工具 ✏；

▶ 按 B 键。

在工具箱的下方，系统设置了 5 种刷子的模式可供选择，如图 2-1 所示。

"标准绘画"模式：在同一层的线条和填充区域上以覆盖的方式涂色。

"颜料填充"模式：在填充区域和空白区域涂色，其他部分（如边框线）不受影响。

"后面绘画"模式：在舞台上同一层的空白区域涂色，但不影响原有的线条和填充区域。

"颜料选择"模式：在选定的区域内进行涂色，未被选中的区域不能涂色。

"内部绘画"模式：在填充区域内部绘图，但不影响线条。如果在空白区域中开始涂色，该填充操作不会影响任何现有填充区域。

应用不同模式绘制出的效果如图 2-2 所示。

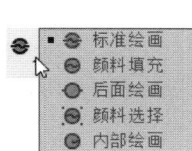

图 2-1

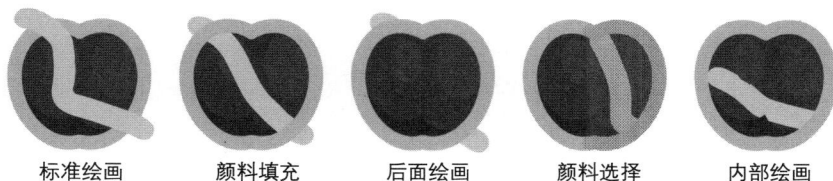

标准绘画　　颜料填充　　后面绘画　　颜料选择　　内部绘画

图 2-2

2．使用笔触颜色绘制

应用画笔工具 ✐ 可以用笔触颜色绘制图形。启用"画笔"工具 ✐，有以下两种方法：

▣　单击工具箱中的"画笔"工具 ✐；

▣　按 Y 键。

2.1.6　钢笔工具

应用钢笔工具可以绘制精确的路径。在创建直线或曲线的过程中，可以先绘制直线或曲线，再进行调整。启用"钢笔"工具 ✐，有以下两种方法：

▣　单击工具箱中的"钢笔"工具 ✐；

▣　按 P 键。

2.1.7　选择工具

选择工具可以完成选择对象、移动对象、复制对象、调整向量线条和色块的功能，是使用频率较高的一种工具。启用"选择"工具 ▶，有以下两种方法：

▣　单击工具箱中的"选择"工具 ▶；

▣　按 V 键。

启用"选择"工具 ▶ 后，工具箱下方会出现图 2-3 所示的按钮，利用这些按钮可以完成以下工作。

图 2-3

"平滑"按钮 Ƨ：可以柔化选择的曲线条。当选中对象时，此按钮为可用状态。

"伸直"按钮 ꞁ：可以锐化选择的曲线条。当选中对象时，此按钮为可用状态。

1．选择对象

打开云盘中的"基础素材 > Ch02 > 02"文件。选择"选择"工具 ▶，在舞台中的对象上单击进行点选操作，如图 2-4 所示。按住 Shift 键，再点选对象，可以同时选中多个对象，效果如图 2-5 所示。

启用"选择"工具 ▶，在舞台中拖曳出一个用来框选对象的矩形，如图 2-6 所示。

图 2-4 　　　　　　　　　　图 2-5 　　　　　　　　　　图 2-6

2．移动和复制对象

启用"选择"工具 ▶，选中对象，如图 2-7 所示。按住鼠标左键不放，直接拖曳对象到任意位置，如图 2-8 所示。

启用"选择"工具 ▶，选中对象，按住 Alt 键，同时按住鼠标左键不放，拖曳选中的对象到任意位置，选中的对象被复制，如图 2-9 所示。

3．调整向量线条和色块

启用"选择"工具 ▶，将鼠标指针移至对象处，鼠标指针下方出现圆弧 ▶，如图 2-10 所示。按住鼠标左键不放，拖曳鼠标，可对选中的向量线条和色块进行调整，如图 2-11 所示。

图 2-7   图 2-8   图 2-9   图 2-10   图 2-11

2.1.8　部分选取工具

启用"部分选取"工具▷，有以下两种方法：

🔹　单击工具箱中的"部分选取"工具▷；

🔹　按 A 键。

打开云盘中的"基础素材 > Ch02 > 03"文件。选择"部分选取"工具▷，在对象的外边线上单击，对象上出现多个节点，如图 2-12 所示。可拖曳节点来调整控制线的长度和斜率，从而改变对象的曲线形状，如图 2-13 所示。

> **提示**　若想增加对象上的节点，只需选择"钢笔"工具✐在对象上单击即可。

在改变对象的形状时，"部分选取"工具▷对应的鼠标指针会产生不同的变化，其表示的含义不同。

带黑色方块的鼠标指针▷：当鼠标指针放置在节点以外的线段上时，鼠标指针变为▷，如图 2-14 所示。这时，可以移动对象到其他位置，如图 2-15 和图 2-16 所示。

图 2-12   图 2-13   图 2-14   图 2-15   图 2-16

带白色方块的鼠标指针▷：当鼠标指针放置在节点上时，鼠标指针变为▷，如图 2-17 所示。这时，可以移动单个的节点到其他位置，如图 2-18 和图 2-19 所示。

变为小箭头的鼠标指针▶：当鼠标指针放置在节点调节手柄的尽头时，鼠标指针变为▶，如图 2-20 所示。这时，可以调节与该节点相连的线段的弯曲度，如图 2-21 和图 2-22 所示。

图 2-17   图 2-18   图 2-19   图 2-20   图 2-21   图 2-22

> **提示**　在调整节点的调节手柄时，调整一个调节手柄，另一个相对的调节手柄会随之发生变化。如果只想调整其中的一个调节手柄，按住 Alt 键，再进行调整即可。

此外，可以将直线节点转换为曲线节点，并进行弯曲度调节。打开云盘中的"基础素材 > Ch02 > 04"文件。选择"部分选取"工具，在对象的外边线上单击，对象上出现多个节点，如图 2-23 所示。单击要转换的节点，节点从空心变为实心，表示处于可编辑状态，如图 2-24 所示。

按住 Alt 键，按住鼠标左键不放，将节点向外拖曳，节点的两个调节手柄出现，如图 2-25 所示。应用调节手柄可调节线段的弯曲度，如图 2-26 所示。

图 2-23　　　　　　　　　图 2-24　　　　　　　　　图 2-25　　　　　　　　　图 2-26

2.1.9　套索工具

应用套索工具可以根据需要在对象上选取任意一部分不规则的图形。启用"套索"工具，有以下两种方法：

- 单击工具箱中的"套索"工具；
- 按 L 键。

将云盘中的"基础素材 > Ch02 > 05"文件导入舞台窗口，按 Ctrl+B 组合键，将位图分离。选择"套索"工具，在位图上通过按住鼠标左键拖曳鼠标的方式任意勾选想要的区域（需要形成一个封闭的选区），如图 2-27 所示。松开鼠标左键，选区中的图像被选中，如图 2-28 所示。

图 2-27　　　　　　　　　　　　　　　图 2-28

2.1.10　多边形工具

应用多边形工具可以根据需要选择任意的多边形区域。启用"多边形"工具，有以下两种方法：

- 单击工具箱中的"多边形"工具；
- 按 Shift + L 组合键。

将云盘中的"基础素材 > Ch02 > 06"文件导入舞台窗口，按 Ctrl+B 组合键，将位图分离。选择"多边形"工具，在位图上绘制多边形区域，如图 2-29 所示。双击鼠标结束多边形区域的绘制，选区中的图像被选中，如图 2-30 所示。

图 2-29　　　　　　　　　　　　　　　图 2-30

2.1.11　魔术棒工具

应用魔术棒工具可以选取图像中颜色相似的位图。启用"魔术棒"工具 ✗ ，有以下一种方法：
单击工具箱中的"魔术棒"工具 ✗ 。

将云盘中的"基础素材 > Ch02 > 07"文件导入舞台窗口，按 Ctrl+B 组合键，将位图分离。选择"魔术棒"工具 ✗ ，将鼠标指针放在位图上，鼠标指针变为 ✗ ，在要选择的位图上单击，如图 2-31 所示。与单击点颜色相近的图像区域被选中，如图 2-32 所示。

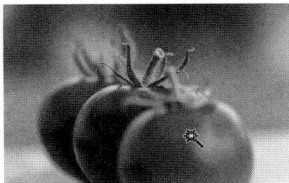

图 2-31

图 2-32

使用魔术棒工具"属性"面板，可以设置魔术棒的属性，应用不同的属性，魔术棒选取的图像区域大小不同。选择"窗口 > 属性"命令，弹出魔术棒工具"属性"面板，如图 2-33 所示。

"阈值"选项：可以设置魔术棒的容差范围，设置的数值越大，魔术棒的容差范围越大。可设置的数值的范围为 0 ~ 200。

"平滑"选项：此选项中有 4 种模式可供选择。选择的模式不同，在魔术棒阈值设置的数值相同的情况下，魔术棒所选的图像区域会有些许不同。

图 2-33

在魔术棒工具"属性"面板中设置不同的阈值（分别为 10 和 30 ）后，所产生的不同效果如图 2-34 和图 2-35 所示。

图 2-34

图 2-35

任务实践——绘制引导页中的插画

✍ 任务学习目标

使用不同的绘图工具绘制图形。

🔒 任务知识要点

使用基本矩形工具、矩形工具、椭圆工具、钢笔工具、多角星形工具、线条工具完成引导页中的插画绘制。引导页中的插画效果如图 2-36 所示。

微课

绘制引导页中的插画

图 2-36

效果所在位置

云盘/Ch02/效果/绘制引导页中的插画.fla。

（1）选择"文件 > 新建"命令，弹出"新建文档"对话框，在"详细信息"选项组中，将"宽"设为300，"高"设为300，在"平台类型"下拉列表中选择"ActionScript 3.0"选项，单击"创建"按钮，完成文档的创建。

（2）将"图层_1"重命名为"圆角矩形"。选择"基本矩形"工具▥，在"属性"面板"工具"选项卡中，将笔触颜色设为无，填充颜色设为绿色（#20C492）；在"矩形选项"选项组中，单击"矩形边角半径"按钮▢，在右侧的文本框中输入"50"，其他选项的设置如图 2-37 所示。在舞台窗口中绘制 1 个圆角矩形，效果如图 2-38 所示。

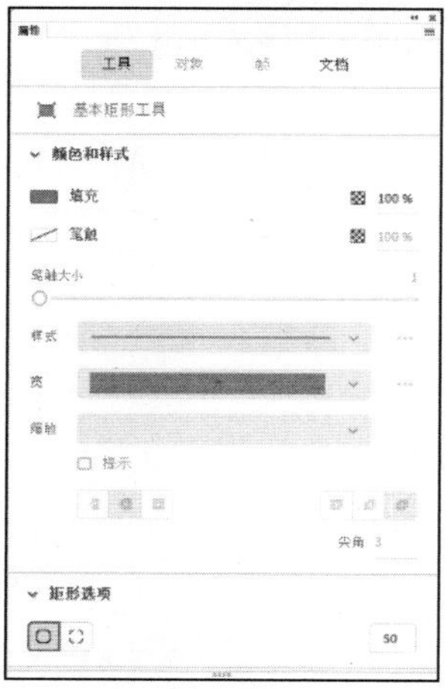

图 2-37

图 2-38

（3）保持圆角矩形的选取状态，在"属性"面板"对象"选项卡中，将"宽""高"均设为234，将"X""Y"均设为33，如图 2-39 所示，效果如图 2-40 所示。

图 2-39

图 2-40

（4）单击"时间轴"面板上方的"新建图层"按钮⊞，创建新图层并将其命名为"外形"，如图 2-41 所示。在基本矩形工具"属性"面板"工具"选项卡中，将笔触颜色设为黑色，填充颜色设为白色，"笔触大小"设为3，在"矩形选项"选项组中，单击"单个矩形边角半径"按钮⊡，在右侧的文本框中分别输入"10""10""10""30"，其他选项的设置如图 2-42 所示。在舞台窗口中绘制 1 个圆角矩形，效果如图 2-43 所示。

图 2-41　　　　　　　　　　　图 2-42　　　　　　　　　　　图 2-43

（5）保持圆角矩形的选取状态，在"属性"面板"对象"选项卡中，将"宽"设为 128，"高"设为 186，"X"设为 72，"Y"设为 93，如图 2-44 所示，效果如图 2-45 所示。

图 2-44　　　　　　　　　　　　　　　　　图 2-45

（6）单击"时间轴"面板上方的"新建图层"按钮⊞，创建新图层并将其命名为"屏幕"。在基本矩形工具"属性"面板"工具"选项卡中，将笔触颜色设为黑色，填充颜色设为深灰色（#333333），"笔触大小"设为 3，在"矩形选项"选项组中，单击"单个矩形边角半径"按钮⌯，在右侧的文本框中输入 10、10、10、30。在舞台窗口中绘制 1 个圆角矩形，效果如图 2-46 所示。

（7）保持圆角矩形的选取状态，在"属性"面板"对象"选项卡中，将"宽"设为 102，"高"设为 85，"X"设为 85，"Y"设为 106，效果如图 2-47 所示。

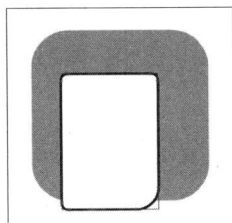
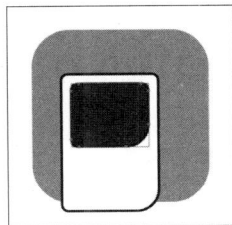

图 2-46　　　　　　　　　　　图 2-47

（8）单击"时间轴"面板上方的"新建图层"按钮⊞，创建新图层并将其命名为"画面"。选择"矩形"工具▭，在矩形工具"属性"面板"工具"选项卡中，单击"对象绘制模式"按钮▣，将笔触颜色设为黑色，填充颜色设为橘黄色（#FF6600），"笔触大小"设为 3，其他选项的设置如图 2-48 所示。在舞台窗口中绘制 1 个矩形，效果如图 2-49 所示。

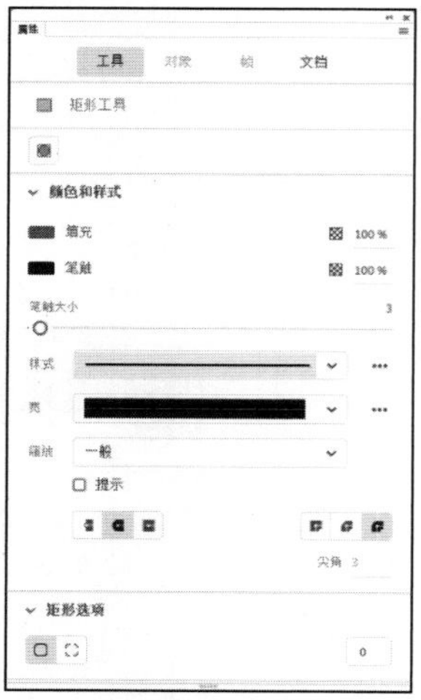

图 2-48

图 2-49

（9）选择"选择"工具▶，在舞台窗口中选中绘制的矩形，如图 2-50 所示。在绘制对象"属性"面板"对象"选项卡中，将"宽""高"均设为 65，"X"设为 104，"Y"设为 116，如图 2-51 所示，效果如图 2-52 所示。

图 2-50

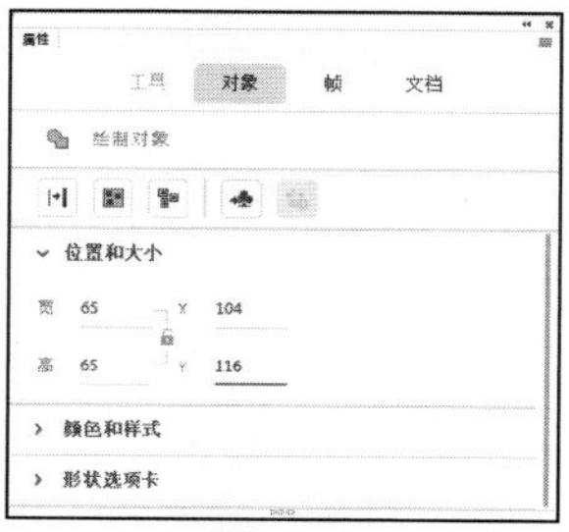

图 2-51

图 2-52

（10）选择"钢笔"工具✐，在钢笔工具"属性"面板"工具"选项卡中，将笔触颜色设为白色，"笔触大小"设为 3，在舞台窗口中适当的位置绘制 1 条开放路径，效果如图 2-53 所示。在钢笔工具"属性"面板"对象"选项卡中，将"笔触大小"设为 5，在舞台窗口中适当的位置绘制 1 条开放路径，效果如图 2-54 所示。

（11）选择"椭圆"工具⬭，在椭圆工具"属性"面板"工具"选项卡中，将笔触颜色设为无，填充颜色设为白色，在按住 Shift 键的同时，在舞台窗口中适当的位置绘制 1 个圆形，效果如图 2-55 所示。

图 2-53

图 2-54

图 2-55

（12）单击"时间轴"面板上方的"新建图层"按钮⊞，创建新图层并将其命名为"按钮"。选择"多角星形"工具⬤，在多角星形工具"属性"面板"工具"选项卡中，将笔触颜色设为黑色，填充颜色设为蓝色（#0066CC），"笔触大小"设为 3，在按住 Shift 键的同时，在舞台窗口中绘制 1 个五边形，效果如图 2-56 所示。

（13）选择"选择"工具▶，在舞台窗口中选中绘制的五边形，如图 2-57 所示。在绘制对象"属性"面板"对象"选项卡中，将"宽"设为 20，"高"设为 19，"X"设为 88，"Y"设为 208，效果如图 2-58 所示。

（14）选择"椭圆"工具●，在椭圆工具"属性"面板"工具"选项卡中，将笔触颜色设为黑色，填充颜色设为蓝色（#0066CC），"笔触大小"设为 3，在按住 Shift 键的同时，在舞台窗口中绘制 1 个圆形，效果如图 2-59 所示。

（15）选择"选择"工具▶，在舞台窗口中选中绘制的圆形，如图 2-60 所示。在绘制对象"属性"面板"对象"选项卡中，将"宽""高"均设为 17，"X"设为 105，"Y"设为 229，效果如图 2-61 所示。

图 2-56	图 2-57	图 2-58	图 2-59	图 2-60	图 2-61

（16）选择"矩形"工具▭，在矩形工具"属性"面板"工具"选项卡中，将笔触颜色设为黑色，填充颜色设为黄色（#FFCC00），"笔触大小"设为 3，在舞台窗口中绘制 1 个矩形，效果如图 2-62 所示。

（17）选择"选择"工具▶，在舞台窗口中选中绘制的矩形，如图 2-63 所示。在绘制对象"属性"面板"对象"选项卡中，将"宽"设为 9.5，"高"设为 29.5，"X"设为 159，"Y"设为 222，效果如图 2-64 所示。

图 2-62	图 2-63	图 2-64

（18）保持图形的选取状态，选择"窗口 > 变形"命令，弹出"变形"面板，将"旋转"设为 90.0°，如图 2-65 所示，单击面板下方的"重制选区和变形"按钮 ⬚，旋转图形角度并复制图形，效果如图 2-66 所示。

（19）选择"选择"工具▶，在按住 Shift 键的同时，选中需要的图形，如图 2-67 所示。按 Ctrl+B 组合键，将选中的图形分离，效果如图 2-68 所示。

 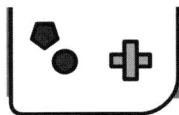 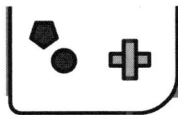 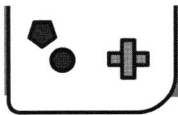

图 2-65	图 2-66	图 2-67	图 2-68

（20）按 Esc 键，取消图形的选取状态，单击一条需要的边线，将其选中，如图 2-69 所示。在按住 Shift 键的同时，选中另一条需要的边线，如图 2-70 所示。按 Delete 键，将选中的边线删除，效果如图 2-71 所示。

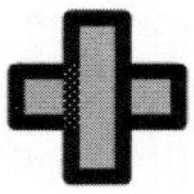

图 2-69 　　　　　　　　　　图 2-70 　　　　　　　　　　图 2-71

（21）单击"时间轴"面板上方的"新建图层"按钮⊞，创建新图层并将其命名为"装饰"。选择"线条"工具∕，在线条工具"属性"面板"工具"选项卡中，将笔触颜色设为黑色，"笔触大小"设为 3，在舞台窗口中适当的位置绘制 1 条线段，如图 2-72 所示。

（22）选择"选择"工具▶，选中绘制的线段，如图 2-73 所示。在按住 Shift+Alt 组合键的同时，按住鼠标左键不放，向右拖曳线段到适当的位置以复制图形，效果如图 2-74 所示。按 Ctrl+Y 组合键，重复复制图形，并将其拖曳到适当的位置，效果如图 2-75 所示。

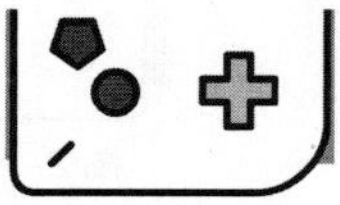

图 2-72 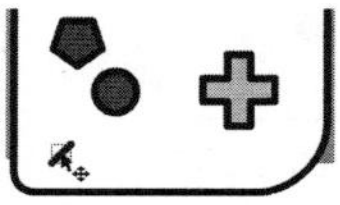　　　　　　图 2-73　　　　　　图 2-74 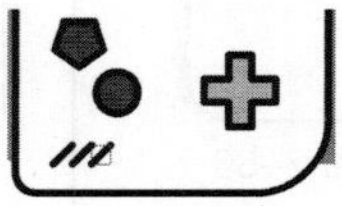　　　　　　图 2-75

（23）单击"时间轴"面板上方的"新建图层"按钮⊞，创建新图层并将其命名为"星星"。选择"多角星形"工具●，在多角星形工具"属性"面板"工具"选项卡中，将笔触颜色设为无，填充颜色设为黄色（#FFCC00）；在"工具选项"选项组中，在"样式"下拉列表中选择"星形"，"边数"设为 5，"星形顶点大小"设为 0.8。在舞台窗口中绘制多个星星，效果如图 2-76 所示。至此，引导页中的插画绘制完成，按 Ctrl+Enter 组合键即可查看效果。

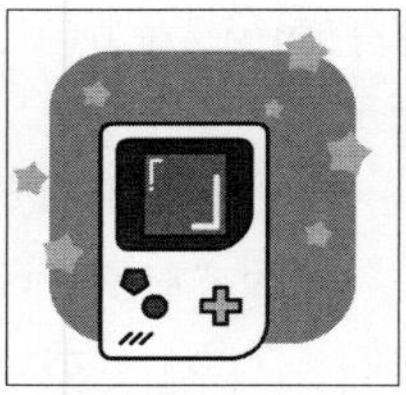

图 2-76

任务 2.2　编辑图形

使用绘图工具创建的矢量图比较单调，如果结合编辑工具，改变原图形的色彩、线条、形态等属性，就可以创建出充满变化的图形效果。

2.2.1　墨水瓶工具和颜料桶工具

1. 墨水瓶工具

使用墨水瓶工具可以修改矢量图的边线。启用"墨水瓶"工具🖊️，有以下两种方法：

▣　单击工具箱中的"墨水瓶"工具🖊️；

▣　按 S 键。

2. 颜料桶工具

使用颜料桶工具可以修改矢量图的填充颜色。启用"颜料桶"工具🪣，有以下两种方法：

▣　单击工具箱中的"颜料桶"工具🪣；

　　🔁　按 K 键。

　　在工具箱的下方，系统设置了 4 种填充模式可供选择，如图 2-77 所示。

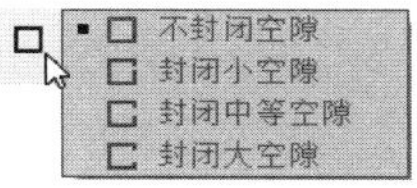

　　"不封闭空隙"模式：选择此模式时，只有在完全封闭的区域中才能填充颜色。

　　"封闭小空隙"模式：选择此模式时，当边线上存在小空隙时，允许填充颜色。

　　"封闭中等空隙"模式：选择此模式时，当边线上存在中等空隙时，允许填充颜色。

图 2-77

　　"封闭大空隙"模式：选择此模式时，当边线上存在大空隙时，允许填充颜色。当选择"封闭大空隙"模式时，无论空隙是小空隙还是中等空隙，都可以填充颜色。

2.2.2　宽度工具

　　使用宽度工具可以修改笔触粗细，还可以将调整后的笔触保存为样式，以便应用于其他图形。启用"宽度"工具 ，有以下两种方法：

　　🔁　单击工具箱中的"宽度"工具 ；

　　🔁　按 U 键。

2.2.3　滴管工具

　　使用滴管工具可以吸取矢量图的线型和色彩，然后可以利用颜料桶工具，快速修改其他矢量图内部的填充颜色；或利用墨水瓶工具，快速修改其他矢量图的边框颜色及线型。启用"滴管"工具 ，有以下两种方法：

　　🔁　单击工具箱中的"滴管"工具 ；

　　🔁　按 I 键。

2.2.4　橡皮擦工具

　　使用橡皮擦工具可以用于擦除舞台上无用的矢量图边框和填充颜色。启用"橡皮擦"工具 ，有以下两种方法：

　　🔁　单击工具箱中的"橡皮擦"工具 ；

　　🔁　按 E 键。

　　如果想得到特殊的擦除效果，在工具箱的下方，系统设置了 5 种擦除模式可供选择，如图 2-78 所示。

　　"标准擦除"模式：擦除所有图形的线条和填充区域。

　　"擦除填色"模式：仅擦除填充区域，其他部分（如边框线）不受影响。

图 2-78

　　"擦除线条"模式：仅擦除图形的线条部分，但不影响其填充区域部分。

　　"擦除所选填充"模式：仅擦除已经选择的填充区域部分，但不影响其他未被选择的部分。如果场景中没有任何填充区域被选择，则擦除命令无效。

　　"内部擦除"模式：仅擦除起点所在的填充区域部分，但不影响线条填充区域外的部分。

> **提示**　　导入的位图和文字不是矢量图，不能擦除它们的部分或全部，所以必须先选择"修改 > 分离"命令，将它们分离成矢量图，才能使用橡皮擦工具擦除它们的部分或全部。

2.2.5 任意变形工具和渐变变形工具

在制作图形的过程中，可以应用任意变形工具来改变图形的大小及倾斜度，也可以应用渐变变形工具改变图形的填充渐变效果。

1．任意变形工具

使用任意变形工具可以改变选中图形的大小，还可以旋转图形。启用"任意变形"工具 ，有以下两种方法：

📌 单击工具箱中的"任意变形"工具 ；

📌 按 Q 键。

在工具箱的下方系统设置了 4 种变形模式可供选择，如图 2-79 所示。

图 2-79

2．渐变变形工具

使用渐变变形工具可以改变选中图形的填充渐变效果。启用"渐变变形"工具 ，有以下两种方法：

📌 单击工具箱中的"渐变变形"工具 ；

📌 按 F 键。

> **提示**
>
> 通过移动中心控制点，可以改变渐变区域的位置。

任务实践——绘制卡通花卉插画

✍ 任务学习目标

使用不同的填充工具为卡通花卉插画上色。

🔒 任务知识要点

使用颜料桶工具、墨水瓶工具和选择工具完成卡通花卉插画的绘制。卡通花卉插画效果如图 2-80 所示。

图 2-80

微课

绘制卡通花卉
插画

◎ 效果所在位置

云盘/Ch02/效果/绘制卡通花卉插画. fla。

（1）选择"文件 > 打开"命令，在弹出的"打开"对话框中，选择云盘中的"Ch02 > 素材 > 绘制卡通花卉插画 > 01"文件，单击"打开"按钮，将其打开。

（2）选择"颜料桶"工具 ，在工具箱中将填充颜色设为黄色（#F2911C），在图 2-81 所示的图形内部单击以填充颜色，效果如图 2-82 所示。用相同的方法为其他图形填充颜色，效果如图 2-83 所示。

图 2-81　　　　　　　　　　图 2-82　　　　　　　　　　图 2-83

（3）选择"选择"工具 ，在按住 Shift 键的同时，在舞台窗口中选中需要的图形，如图 2-84 所示。在工具箱中将填充颜色设为浅黄色（#F5A737），效果如图 2-85 所示。选中需要的图形，如图 2-86 所示，在工具箱中将填充颜色设为玫红色（#E85B65），效果如图 2-87 所示。

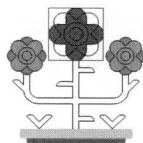

图 2-84　　　　　　　图 2-85　　　　　　　图 2-86　　　　　　　图 2-87

（4）选中需要的图形，如图 2-88 所示。在工具箱中将填充颜色设为浅红色（#EB666E），效果如图 2-89 所示。在按住 Shift 键的同时，在舞台窗口中选中需要的图形，如图 2-90 所示，在工具箱中将填充颜色设为浅粉色（# F8CDCD），效果如图 2-91 所示。

图 2-88　　　　　　　图 2-89　　　　　　　图 2-90　　　　　　　图 2-91

（5）在按住 Shift 键的同时，在舞台窗口中选中需要的图形，如图 2-92 所示，在工具箱中将填充颜色设为白色，效果如图 2-93 所示。在按住 Shift 键的同时，在舞台窗口中选中需要的图形，如图 2-94 所示，在工具箱中将笔触颜色设为无，效果如图 2-95 所示。

图 2-92　　　　　　　图 2-93　　　　　　　图 2-94　　　　　　　图 2-95

（6）选择"颜料桶"工具 ，在工具箱中将填充颜色设为浅绿色（#9ACA8A），在图 2-96 所示的图形内部单击以填充颜色，效果如图 2-97 所示。用相同的方法为其他图形填充颜色，效果如图 2-98 所示。

图 2-96　　　　　　　　　　图 2-97　　　　　　　　　　图 2-98

（7）选择"墨水瓶"工具 🖋，在"属性"面板"工具"选项卡中，将笔触颜色设为深绿色（#006600），"笔触大小"设为2，在"宽"下拉列表中选择"宽度配置文件2"，其他选项的设置如图2-99所示。将鼠标指针放置在需要的边线上，如图2-100所示，单击以改变边线的样式，效果如图2-101所示。

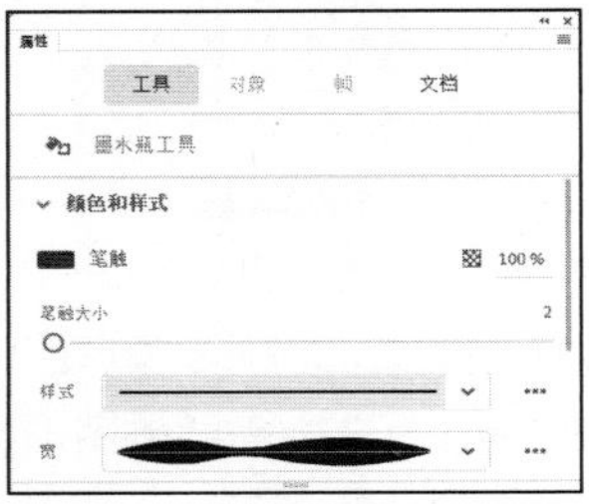

图 2-99

图 2-100

图 2-101

（8）用相同的方法修改其他图形边线的样式，效果如图 2-102 所示。至此，卡通花卉插画绘制完成，效果如图 2-103 所示。

图 2-102

图 2-103

任务 2.3　了解图形色彩

在 Animate 2020 中，根据设计和绘图的需要，可以应用纯色编辑面板、"颜色"面板来设置所需要的纯色、渐变色和颜色样本等。

2.3.1　纯色编辑面板

在纯色编辑面板中可以选择系统设置的颜色，也可以根据需要自定义颜色。

在工具箱的下方单击"填充颜色"按钮，弹出纯色编辑面板，如图 2-104 所示。在面板中可以选择系统设置的颜色，如想自定义颜色，可以单击面板右上方的颜色选择按钮 🔘，弹出的"颜色选择器"对话框如图 2-105 所示。

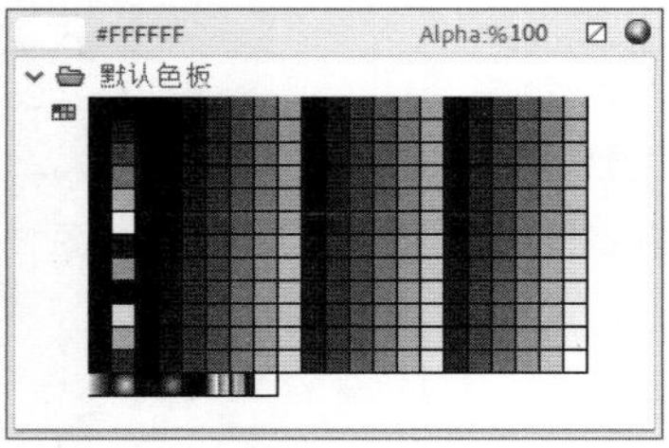

图 2-104

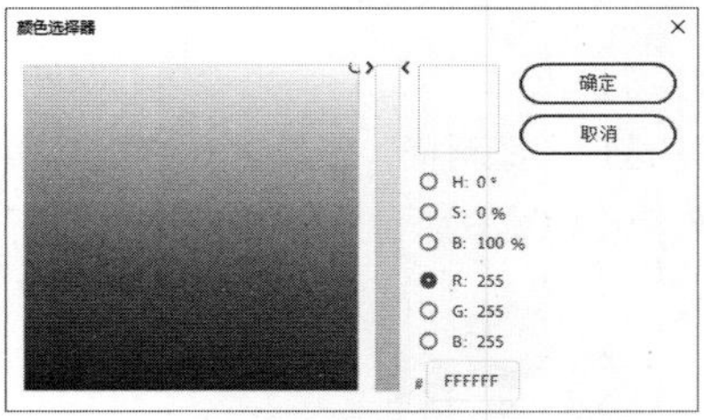

图 2-105

在"颜色选择器"对话框左侧的颜色选择区域中选择要自定义的颜色，如图 2-106 所示。滑动面板右侧的滑动条可以设定颜色的色相，如图 2-107 所示，单击"确定"按钮，完成颜色自定义。

图 2-106

图 2-107

2.3.2 "颜色"面板

在"颜色"面板中可以设定纯色、渐变色以及颜色的不透明度。选择"窗口 > 颜色"命令，或按 Ctrl+Shift+F9 组合键，弹出"颜色"面板。

1. 自定义纯色

在"颜色"面板颜色类型下拉列表中选择"纯色"选项，面板效果如图 2-108 所示。

"笔触颜色"按钮 : 用于设定矢量线条的颜色。

"填充颜色"按钮 : 用于设定填充的颜色。

"黑白"按钮 : 单击此按钮，线条与填充颜色恢复为系统默认的状态。

"无色"按钮 : 用于取消矢量线条或填充色块。当选择"椭圆"工具 ![] 或"矩形"工具 ![] 时，此按钮为可用状态。

"交换颜色"按钮 : 单击此按钮，可以切换线条颜色和填充颜色。

"H""S""B"选项和"R""G""B"选项：可以用精确数值来设定颜色。

"A"（Alpha）选项：用于设定颜色的不透明度，数值选取范围为 0 ~ 100%。

"添加到色板"按钮：单击此按钮，可以将选择的颜色保存到色板中。

在面板右侧的颜色选择区域内，可以根据需要选择相应的颜色。

图 2-108

2. 自定义线性渐变色

在"颜色"面板颜色类型下拉列表中选择"线性渐变"选项，面板效果如图 2-109 所示。将鼠标指针放置在滑动色带上，鼠标指针变为 ![]，如图 2-110 所示，在色带上单击可以增加颜色控制点，并可以在面板上方为新增加的控制点设定颜色及不透明度，如图 2-111 所示。要删除控制点，只需将控制点向色带下方拖曳即可。

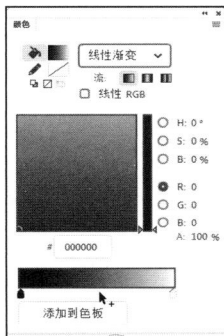

图 2-109

图 2-110

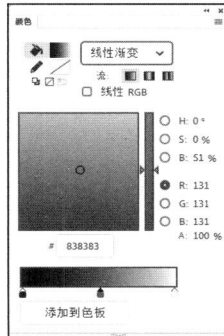

图 2-111

3．自定义径向渐变色

在"颜色"面板颜色类型下拉列表中选择"径向渐变"选项，面板效果如图 2-112 所示。用与定义线性渐变色相同的方法在色带上定义径向渐变色，定义完成后，在面板的左下方显示出定义的渐变色，如图 2-113 所示。

图 2-112　　　　　　　　　　　　　图 2-113

4．自定义位图填充

在"颜色"面板颜色类型下拉列表中选择"位图填充"选项，如图 2-114 所示，弹出"导入到库"对话框。在该对话框中选择要导入的图片，如图 2-115 所示。单击"打开"按钮，图片被导入"颜色"面板中，如图 2-116 所示。

图 2-114　　　　　　　　　　　图 2-115　　　　　　　　　图 2-116

选择"多角星形"工具 ●，在场景中绘制出 1 个五边形，五边形被刚才导入的位图填充，如图 2-117 所示。

选择"渐变变形"工具 ■，在填充位图上单击，出现控制点，如图 2-118 所示。选中左下方的方形控制点，按住鼠标左键不放，向内拖曳该控制点，改变填充位图的大小，如图 2-119 所示。

选中右上方的圆形控制点，按住鼠标左键不放，向上拖曳该控制点，改变填充位图的角度，如图 2-120 所示。松开鼠标后效果如图 2-121 所示。

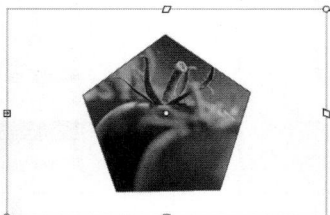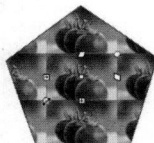

图 2-117　　　　　图 2-118　　　　　　　　图 2-119　　　　　图 2-120　　　　　图 2-121

2.3.3 课堂案例——绘制美食 App 图标

案例学习目标

使用"颜色"面板设置图形颜色和透明度。

案例知识要点

使用基本矩形工具、"颜色"面板和渐变变形工具完成美食 App 图标的绘制。美食 App 图标效果如图 2-122 所示。

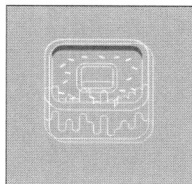

微课

绘制美食 App
图标

效果所在位置

云盘/Ch02/效果/绘制美食 App 图标.fla。

（1）选择"文件 > 打开"命令，在弹出的"打开"对话框中，选择云盘中的"Ch02 > 素材 > 绘制美食 App 图标 > 01"文件，如图 2-123 所示，单击"打开"按钮，将其打开，如图 2-124 所示。

图 2-122

图 2-123

图 2-124

（2）选择"选择"工具，在舞台窗口中选中灰色矩形，如图 2-125 所示。选择"窗口 > 颜色"命令，弹出"颜色"面板，单击"笔触颜色"按钮 ，将笔触颜色设为无，单击"填充颜色"按钮 ，在颜色类型下拉列表中选择"径向渐变"选项，在色带上将左边的颜色控制点设为浅黄色（#FFF100），将右边的颜色控制点设为黄色（#FCC900），生成渐变色，如图 2-126 所示，效果如图 2-127 所示。

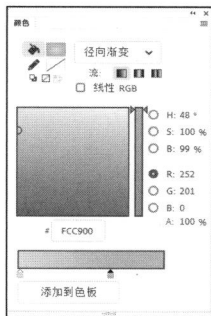

图 2-125

图 2-126

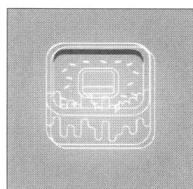

图 2-127

（3）选择"文件 > 导入 > 导入到库"命令，在弹出的"导入到库"对话框中，选择云盘中的"Ch02 > 素材 > 绘制美食 App 图标 > 02"文件，单击"打开"按钮，将选中的文件导入"库"面板中，如图 2-128 所示。单击"时间轴"面板上方的"新建图层"按钮 ⊞，创建新图层并将其命名为"图案"，如图 2-129 所示。

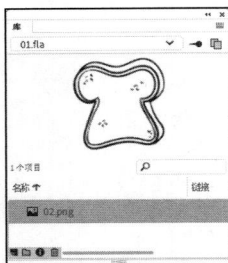

图 2-128

图 2-129

（4）在"颜色"面板中，单击"填充颜色"按钮 ，在颜色类型下拉列表中选择"位图填充"选项，如图 2-130 所示。选择"基本矩形"工具 ，在舞台窗口中绘制 1 个与舞台窗口大小相同的矩形，效果如图 2-131 所示。

（5）选择"渐变变形"工具 ，在填充的位图上单击周围出现控制框，如图 2-132 所示。向内拖曳左下方的方形控制点改变图案大小，效果如图 2-133 所示。

图 2-130

图 2-131

图 2-132

图 2-133

（6）在"时间轴"面板中单击"图案"图层，将该图层中的对象全部选中。按 F8 键，在弹出的"转换为元件"对话框中进行设置，如图 2-134 所示，设置完成后，单击"确定"按钮，将选中的对象转换为图形元件。选择"选择"工具 ，在舞台窗口中选中"图案"实例，在"属性"面板"对象"选项卡中，选择"色彩效果"选项组，在"样式"选项的下拉列表中选择"Alpha"选项，将 Alpha 数值设为 30%，如图 2-135 所示，舞台窗口中的效果如图 2-136 所示。

图 2-134

图 2-135

图 2-136

（7）在按住 Shift 键的同时，选中需要的圆角矩形，如图 2-137 所示。在"颜色"面板中，单击

"填充颜色"按钮 ，将填充颜色设为黑色，单击"笔触颜色"按钮 ✏️ ▇，将笔触颜色设为无，效果如图 2-138 所示。

图 2-137    图 2-138

（8）选中需要的圆角矩形，如图 2-139 所示。在"颜色"面板中，单击"填充颜色"按钮 🖌️ ☐，将填充颜色设为深红色（#5E1818），单击"笔触颜色"按钮 ✏️ ▇，将笔触颜色设为无，效果如图 2-140 所示。

（9）在按住 Shift 键的同时，选中需要的图形，如图 2-141 所示。在"颜色"面板中，单击"填充颜色"按钮 🖌️ ☐，将填充颜色设为粉色（#F08D7E），单击"笔触颜色"按钮 ✏️ ▇，将笔触颜色设为无，效果如图 2-142 所示。

图 2-139    图 2-140    图 2-141    图 2-142

（10）在按住 Shift 键的同时，选中需要的圆角矩形，如图 2-143 所示。在"颜色"面板中，单击"填充颜色"按钮 🖌️ ☐，将填充颜色设为粉色（#F3A599），单击"笔触颜色"按钮 ✏️ ▇，将笔触颜色设为无，效果如图 2-144 所示。

（11）选中需要的圆角矩形，如图 2-145 所示。在"颜色"面板中，单击"填充颜色"按钮 🖌️ ☐，将填充颜色设为橘红色（#E5624B），单击"笔触颜色"按钮 ✏️ ▇，将笔触颜色设为无，效果如图 2-146 所示。至此，美食 App 图标绘制完成，按 Ctrl+Enter 组合键即可查看效果。

图 2-143 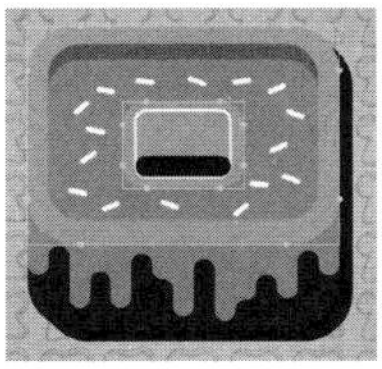   图 2-144 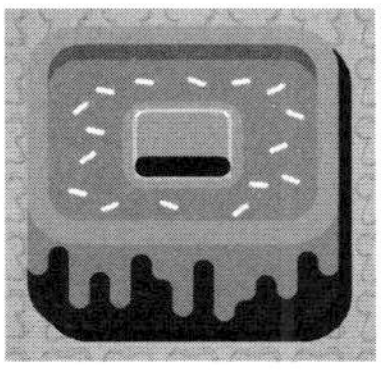   图 2-145 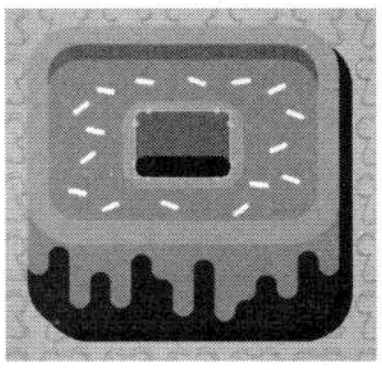   图 2-146

项目实践——绘制咖啡杯图标

🔗 实践知识要点

使用椭圆工具绘制圆形；使用基本矩形工具、矩形工具、钢笔工具、线条工具、多角星形工具绘制咖啡杯。咖啡杯图标效果如图 2-147 所示。

图 2-147

◎ 效果所在位置

云盘/Ch02/效果/绘制咖啡杯图标.fla。

课后习题 ——绘制大嘴鸟插画

✐ 习题知识要点

使用钢笔工具、基本矩形工具、基本椭圆工具、颜料桶工具和变形面板完成大嘴鸟插画的绘制。大嘴鸟插画效果如图 2-148 所示。

图 2-148

◎ 效果所在位置

云盘/Ch02/效果/绘制大嘴鸟插画.fla。

03 项目 3
对象的编辑和操作

项目导入

　　本项目主要讲解对象的变形、操作、修饰方法，以及"对齐"面板和"变形"面板的应用。通过学习本项目的内容，学生可以灵活运用 Animate 中的编辑功能对对象进行编辑和管理，使对象在画面中表现得更加出彩。

项目目标

- ✔ 掌握对象的变形与操作方法。
- ✔ 掌握对象的修饰方法。

技能目标

- ✔ 能够绘制闪屏页中的插画。
- ✔ 能够绘制风景插画。
- ✔ 能够绘制家具插画。

素养目标

- ✔ 培养细致的工作作风。
- ✔ 培养精益求精的工作作风。

任务 3.1 掌握对象的变形与操作

应用"变形"命令可以对选择的对象进行变形修改，如扭曲、封套、缩放、旋转与倾斜等，还可以根据需要对对象进行组合、分离、叠放、对齐等一系列操作，从而达到制作的要求。

3.1.1 扭曲对象

打开云盘中的"基础素材 > Ch03 > 01"文件。选择"修改 > 变形 > 扭曲"命令，在当前选择的图形上出现控制点，如图 3-1 所示。拖曳四角的控制点可以改变图形的形状，如图 3-2 所示，效果如图 3-3 所示。

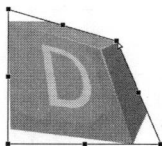

图 3-1　　　　　　　　图 3-2　　　　　　　　图 3-3

3.1.2 封套对象

选择"修改 > 变形 > 封套"命令，在当前选择的图形上出现控制点，如图 3-4 所示。拖曳控制点可以使图形产生相应的扭曲变化，如图 3-5 所示，效果如图 3-6 所示。

图 3-4　　　　　　　　图 3-5　　　　　　　　图 3-6

3.1.3 缩放对象

选择"修改 > 变形 > 缩放"命令，在当前选择的图形上出现控制点，如图 3-7 所示。拖曳控制点可以按比例地改变图形的大小，如图 3-8 所示，效果如图 3-9 所示。

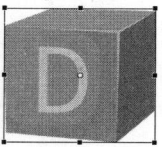 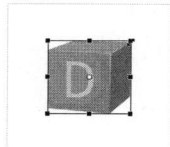 

图 3-7　　　　　　　　图 3-8　　　　　　　　图 3-9

3.1.4 旋转与倾斜对象

选择"修改 > 变形 > 旋转与倾斜"命令，在当前选择的图形上出现控制点，如图 3-10 所示。拖曳中间的控制点倾斜图形，如图 3-11 所示，效果如图 3-12 所示；拖曳四角的控制点旋转图形，如图 3-13 和图 3-14 所示，效果如图 3-15 所示。

选择"修改 > 变形"中的"顺时针旋转 90 度""逆时针旋转 90 度"命令，可以将图形按照规定的度数进行旋转，效果如图 3-16 和图 3-17 所示。

图 3-10   图 3-11   图 3-12   图 3-13

图 3-14   图 3-15   图 3-16   图 3-17

3.1.5 翻转对象

选择"修改 > 变形"中的"水平翻转""垂直翻转"命令，可以将图形（见图 3-18）翻转，效果分别如图 3-19 和图 3-20 所示。

图 3-18   图 3-19   图 3-20

3.1.6 组合对象

制作复杂图形时，可以将多个图形组合成一个整体，以便选择和修改。另外，制作位移动画时，需用"组合"命令将图形转变成组件。

打开云盘中的"基础素材 > Ch03 > 02"文件。选中多个图形，选择"修改 > 组合"命令，或按 Ctrl+G 组合键，即可将选中的图形进行组合。组合前后的效果如图 3-21 和图 3-22 所示。

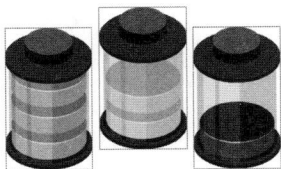

图 3-21

图 3-22

3.1.7 分离对象

要修改图形的组合、图像、文字或组件的一部分时，可以选择"修改 > 分离"命令。另外，制作变形动画时，需用"分离"命令将图形的组合、图像、文字或组件转变成图形。

打开云盘中的"基础素材 > Ch03 > 03"文件。选中图形组合，如图 3-23 所示，选择"修改 > 分离"命令，或按 Ctrl+B 组合键，即可将组合的图形分离。多次使用"分离"命令的效果如图 3-24 和图 3-25 所示。

Animate 动画制作与应用
（Animate 2020）（微课版）

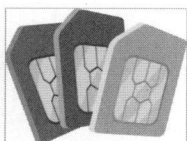

图 3-23

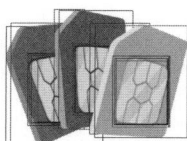

图 3-24

图 3-25

3.1.8　叠放对象

制作复杂图形时，由于多个图形的叠放次序不同，会产生不同的效果。可以通过选择"修改 ＞ 排列"中的命令实现不同的叠放效果。例如，将图形移动到所有图形的顶层。

打开云盘中的"基础素材 ＞ Ch03 ＞ 04"文件。选中要移动的图形，选择"修改 ＞ 排列 ＞ 移至顶层"命令，即可将选中的图形移动到所有图形的顶层。移动前后的效果如图 3-26 和图 3-27 所示。

图 3-26   图 3-27

> **提示**
>
> 叠放对象只能是图形的组合或组件。

3.1.9　对齐对象

当选择多个图形、图像、图形的组合或组件时，可以通过选择"修改 ＞ 对齐"中的命令调整它们的相对位置。例如，将多个图形的底部对齐。

选中多个图形，选择"修改 ＞ 对齐 ＞ 底对齐"命令，即可将所有图形的底部对齐。对齐前后的效果如图 3-28 和图 3-29 所示。

图 3-28   图 3-29

任务实践——绘制闪屏页中的插画

▰ 任务学习目标

使用绘图工具和"对齐"命令绘制图形。

🔒 任务知识要点

使用椭圆工具、任意变形工具和矩形工具绘制表盘图形，使用多角星形工具、任意变形工具和"变形"面板绘制指针图形，使用"对齐"命令将对象居中对齐。闪屏页中的插画效果如图 3-30 所示。

图 3-30

微课
绘制闪屏页中的
插画 1

微课
绘制闪屏页中的
插画 2

效果所在位置

云盘/Ch03/效果/绘制闪屏页中的插画.fla。

1. 绘制表盘图形

（1）选择"文件 > 新建"命令，弹出"新建文档"对话框，在"详细信息"选项组中，将"宽"设为 320，"高"设为 360，在"平台类型"下拉列表中选择"ActionScript 3.0"选项，单击"创建"按钮，完成文档的创建。

（2）将"图层_1"重命名为"圆形"。选择"椭圆"工具，在工具箱中将笔触颜色设为无，填充颜色设为黑色（#231916），单击工具箱下方的"对象绘制"按钮，在按住 Shift 键的同时，在舞台窗口中绘制 1 个圆形。

（3）选择"选择"工具，选中舞台窗口中的黑色圆形，在绘制对象"属性"面板"对象"选项卡中，将"宽""高"均设为 282，"X"设为 18、"Y"设为 59，如图 3-31 所示，效果如图 3-32 所示。

图 3-31

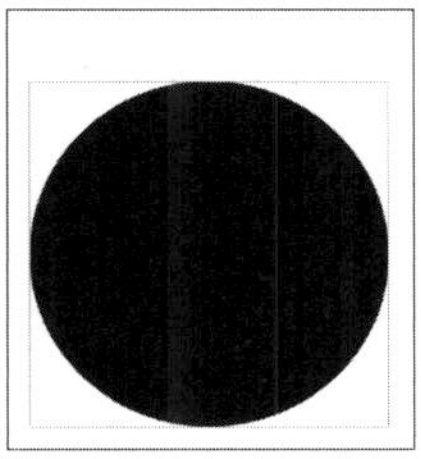

图 3-32

（4）按 Ctrl+C 组合键，复制绘制的圆形。按 Ctrl+Shift+V 组合键，将复制的图形原位粘贴。选择"任意变形"工具，在图形的周围出现控制框，如图 3-33 所示。将鼠标指针放置在右上方的控制点上，在鼠标指针变为时，按住 Alt+Shift 组合键的同时，按住鼠标左键不放，向左下方拖曳鼠标可以缩放图形，如图 3-34 所示，确认大小后松开鼠标左键。在工具箱中将填充颜色设为白色，效果如图 3-35 所示。

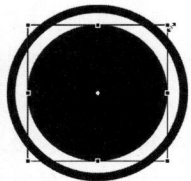

图 3-33   图 3-34   图 3-35

（5）按 Ctrl+Shift+V 组合键，将复制的图形原位粘贴。在图形的周围出现控制框。将鼠标指针放置在右上方的控制点上，在鼠标指针变为 ↗ 时，按住 Alt+Shift 组合键的同时，按住鼠标左键不放，向左下方拖曳鼠标可以缩放图形，如图 3-36 所示，确认大小后松开鼠标左键。

（6）按 Ctrl+Shift+V 组合键，将复制的图形原位粘贴。在图形的周围出现控制框。将鼠标指针放置在右上方的控制点上，在鼠标指针变为 ↗ 时，按住 Alt+Shift 组合键的同时，按住鼠标左键不放，向左下方拖曳鼠标可缩放图形，如图 3-37 所示，确认大小后松开鼠标左键。在工具箱中将填充颜色设为青色（#70C1E9），效果如图 3-38 所示。

图 3-36   图 3-37   图 3-38

（7）按 Ctrl+C 组合键，复制青色圆形。在"时间轴"面板中创建新图层并将其命名为"内阴影"，如图 3-39 所示。按 Ctrl+Shift+V 组合键，将复制的圆形原位粘贴到"内阴影"图层中。在工具箱中将填充颜色设为深蓝色（#65ADD1），效果如图 3-40 所示。按 Ctrl+B 组合键，将图形分离，效果如图 3-41 所示。

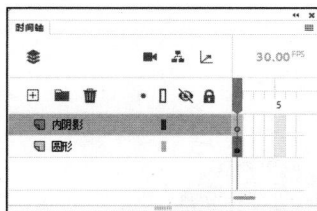
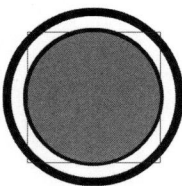

图 3-39   图 3-40   图 3-41

（8）选择"选择"工具 ▶，选中需要的图形，如图 3-42 所示，按住 Alt 键的同时，按住鼠标左键不放，向下拖曳鼠标到适当的位置，复制图形，效果如图 3-43 所示。按 Delete 键，将复制的图形删除，效果如图 3-44 所示。

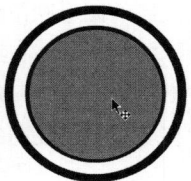

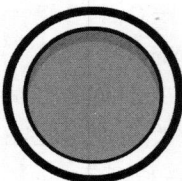

图 3-42   图 3-43   图 3-44

（9）在"时间轴"面板中创建新图层并将其命名为"刻度"。选择"矩形"工具▣，在矩形工具"属性"面板中，将笔触颜色设为无，填充颜色设为深蓝色（#4186AE），在舞台窗口中绘制 1 个矩形，如图 3-45 所示。

（10）选择"选择"工具▶，选中需要的图形，如图 3-46 所示，按住 Alt+Shift 组合键的同时，按住鼠标左键不放，向下拖曳鼠标到适当的位置，复制图形，效果如图 3-47 所示。

（11）在"时间轴"面板中单击"刻度"图层，将该图层中的对象全部选中，如图 3-48 所示。按 Ctrl+G 组合键，将选中的对象进行组合，效果如图 3-49 所示。

图 3-45　　　图 3-46　　　图 3-47　　　图 3-48　　　图 3-49

（12）按 Ctrl+T 组合键，弹出"变形"面板，单击"重制选区和变形"按钮▣，复制出 1 个图形，将"旋转"设为 45.0°，如图 3-50 所示，效果如图 3-51 所示。再单击"重制选区和变形"按钮▣ 2 次复制图形，效果如图 3-52 所示。

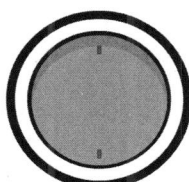

图 3-50　　　图 3-51　　　图 3-52

（13）在"时间轴"面板中，按住 Ctrl 键的同时将"圆形"图层和"刻度"图层同时选中，如图 3-53 所示。选择"修改 > 对齐 > 水平居中"命令，将选中的图形水平居中对齐，效果如图 3-54 所示。选择"修改 > 对齐 > 垂直居中"命令，将选中的图形垂直居中对齐，效果如图 3-55 所示。

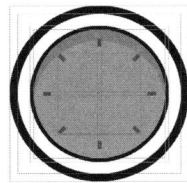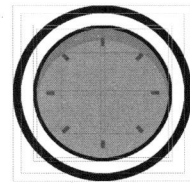

图 3-53　　　图 3-54　　　图 3-55

2. 绘制指针图形

（1）在"时间轴"面板中创建新图层并将其命名为"指针"。选择"多角星形"工具●，在多角星形工具"属性"面板"工具"选项卡中，将填充颜色设为红色（#EA5F61），笔触颜色设为黑色（#231916），"笔触大小"设为 3；在"工具选项"选项组中，在"样式"下拉列表中选择"多边形"，"边数"设为 3，其他选项设置如图 3-56 所示。按住 Shift 键的同时，在舞台窗口中绘制 1 个三角形，效果如图 3-57 所示。

图 3-56   图 3-57

（2）选择"选择"工具 ▶，选中绘制的三角形，选择"修改 > 变形 > 封套"命令，在三角形周围出现调节手柄，如图 3-58 所示，调整各个调节手柄对三角形进行变形操作，效果如图 3-59 所示。单击工具箱下方的"缩放"按钮 ，将中心点移动到图 3-60 所示的位置。

图 3-58   图 3-59   图 3-60

（3）按 Ctrl+T 组合键，弹出"变形"面板，单击"重制选区和变形"按钮 ，复制 1 个图形，保持图形的选取状态，单击"变形"面板下方的"垂直翻转所选内容"按钮 ，将选中的图形垂直翻转，效果如图 3-61 所示。在工具箱中将填充颜色设为白色，效果如图 3-62 所示。

（4）在"时间轴"面板中单击"指针"图层，将该图层中的对象全部选中，按 Ctrl+G 组合键，将选中的对象进行组合，效果如图 3-63 所示。

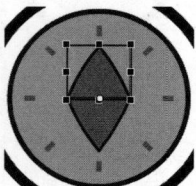

图 3-61   图 3-62   图 3-63

（5）在"变形"面板中，将"旋转"设为 45.0°，如图 3-64 所示，效果如图 3-65 所示。

图 3-64

图 3-65

（6）在"时间轴"面板中，按住 Ctrl 键的同时将"圆形"图层、"刻度"图层和"指针"图层同时选中，如图 3-66 所示。选择"修改 > 对齐 > 水平居中"命令，将选中的图形水平居中对齐，效果如图 3-67 所示。选择"修改 > 对齐 > 垂直居中"命令，将选中的图形垂直居中对齐，效果如图 3-68 所示。

图 3-66

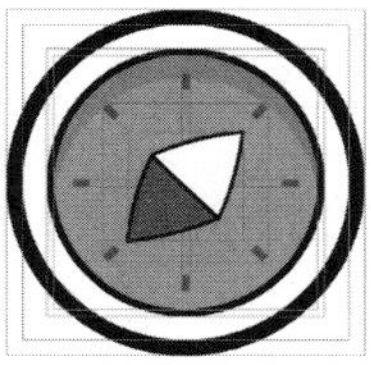

图 3-67

图 3-68

（7）在"时间轴"面板中创建新图层并将其命名为"黑色圆形"，如图 3-69 所示。选择"椭圆"工具 ⬭，在工具箱中将笔触颜色设为无，填充颜色设为黑色（#231916），按住 Shift 键的同时，在舞台窗口中绘制 1 个圆形，效果如图 3-70 所示。

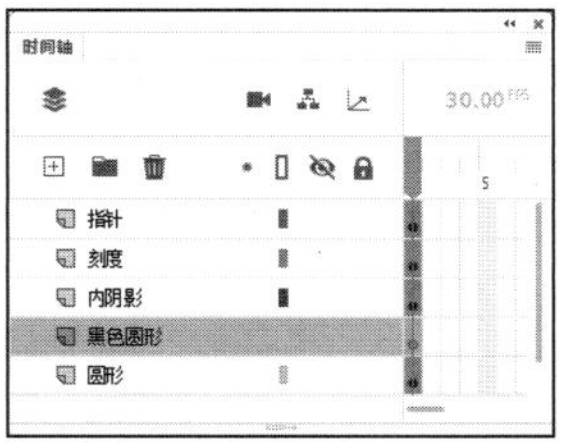

图 3-69

图 3-70

（8）按 Ctrl+C 组合键，复制图形。在"时间轴"面板中创建新图层并将其命名为"圆形 2"。按 Ctrl+Shift+V 组合键，将复制的图形原位粘贴到"圆形 2"图层中。

（9）选择"任意变形"工具 ⬚，在图形的周围出现控制框。将鼠标指针放置在右上方的控制点上，在鼠标指针变为 ⬈ 时，按住 Alt+Shift 组合键的同时，按住鼠标左键不放，向左下方拖曳鼠标到适当的位置，如图 3-71 所示，松开鼠标左键以缩放图形。在工具箱中将填充颜色设为白色，效果如图 3-72 所示。用相同的方法制作出图 3-73 所示的效果。

图 3-71

图 3-72

图 3-73

（10）在"时间轴"面板中，将"黑色圆形"图层拖曳到"圆形"图层的下方，如图 3-74 所示，效果如图 3-75 所示。至此，闪屏页中的插画绘制完成，效果如图 3-76 所示，按 Ctrl+Enter 组合键即可查看。

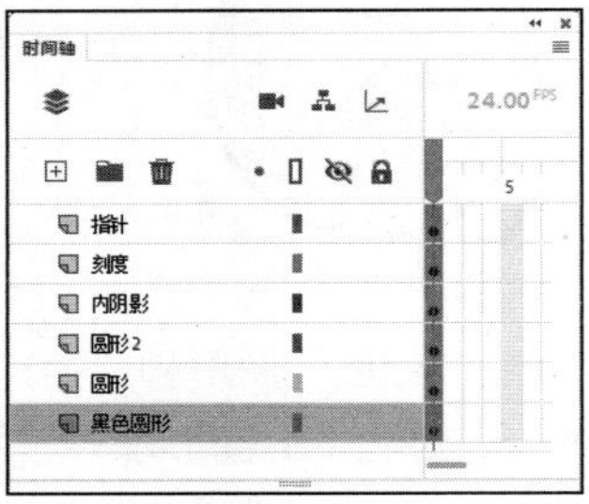

图 3-74 　　　　　　　　　图 3-75 　　　　　　　　　图 3-76

任务 3.2　掌握对象的修饰

在 Animate 动画制作过程中，可以应用 Animate 自带的一些命令，实现将线条转换为填充色块、对填充色块进行修改或对填充边缘进行柔化处理。

3.2.1　将线条转换为填充

应用"将线条转换为填充"命令可以将矢量线条转换为填充色块。打开云盘中的"基础素材 > Ch03 > 05"文件，如图 3-77 所示。选择"墨水瓶"工具 ，为图形绘制外边线，效果如图 3-78 所示。

选择"选择"工具 ，双击图形的外边线将其选中，选择"修改 > 形状 > 将线条转换为填充"命令，将外边线转换为填充色块，如图 3-79 所示。这时，可以选择"颜料桶"工具 ，为填充色块设置其他颜色，如图 3-80 所示。

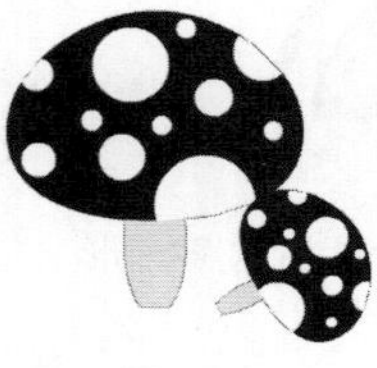

图 3-77 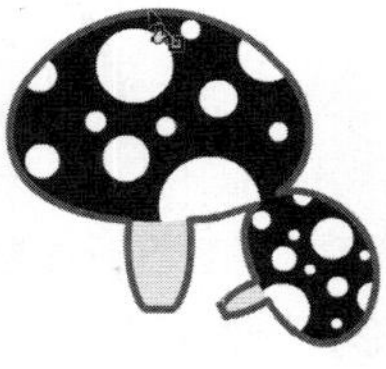　　　　　图 3-78 　　　　　图 3-79 　　　　　图 3-80

3.2.2　扩展填充

应用"扩展填充"命令可以将填充颜色向外扩展或向内收缩，扩展或收缩的数值可以自定义。

1. 扩展填充颜色

打开云盘中的"基础素材 > Ch03 > 06"文件。选中图形的填充颜色，如图 3-81 所示，选择"修改 > 形状 > 扩展填充"命令，弹出"扩展填充"对话框，在"距离"文本框中输入"4 像素"（距离的取值范围为 0.05 ~ 144），选择"扩展"单选项，如图 3-82 所示，单击"确定"按钮，填充颜色向外扩展，效果如图 3-81 所示。

图 3-81　　　　　　　　　　　图 3-82　　　　　　　　　　　图 3-83

2．收缩填充颜色

选中图形的填充颜色，选择"修改 > 形状 > 扩展填充"命令，弹出"扩展填充"对话框，在"距离"文本框中输入 20 像素，选择"插入"单选项，如图 3-84 所示，单击"确定"按钮，填充颜色向内收缩，效果如图 3-85 所示。

图 3-84　　　　　　　　　　　　　　　　图 3-85

3.2.3　柔化填充边缘

应用"柔化填充边缘"命令可以对图形的边缘进行柔化处理。

1．向外柔化填充边缘

打开云盘中的"基础素材 > Ch03 > 07"文件。选中图形，如图 3-86 所示，选择"修改 > 形状 > 柔化填充边缘"命令，弹出"柔化填充边缘"对话框，在"距离"文本框中输入 80 像素，在"步长数"文本框中输入"5"，选择"扩展"单选项，如图 3-87 所示，单击"确定"按钮，效果如图 3-88 所示。

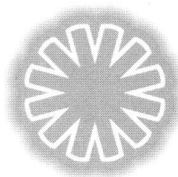

图 3-86　　　　　　　　　　　图 3-87　　　　　　　　　　　图 3-88

> **提示**　在"柔化填充边缘"对话框中设置不同的数值，所产生的效果各不相同，可以尝试设置不同的数值，以达到最理想的绘制效果。

2．向内柔化填充边缘

选中图形，如图 3-89 所示，选择"修改 > 形状 > 柔化填充边缘"命令，弹出"柔化填充边缘"对话框，在"距离"文本框中输入 50 像素，在"步长数"文本框中输入"5"，选择"插入"单选项，如图 3-90 所示，单击"确定"按钮，效果如图 3-91 所示。

图 3-89

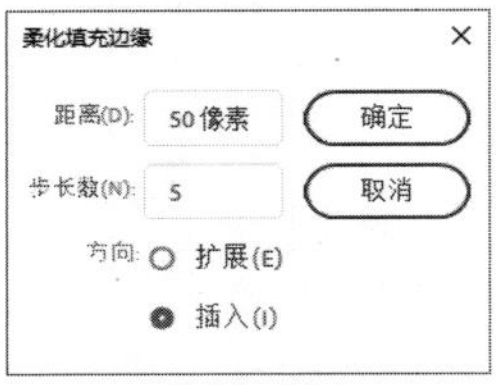

图 3-90

图 3-91

任务实践——绘制风景插画

任务学习目标

使用绘图工具绘制图形，使用"柔化填充边缘"命令编辑图形。

任务知识要点

使用椭圆工具绘制太阳图形，使用"将线条转换为填充"命令将线条转换为填充，使用"柔化填充边缘"命令、"复制"命令和"粘贴到当前位置"命令制作太阳发光效果。风景插画效果如图 3-92 所示。

图 3-92

微课

绘制风景插画

效果所在位置

云盘/Ch03/效果/绘制风景插画.fla。

（1）选择"文件 > 打开"命令，在弹出的"打开"对话框中，选择云盘中的"Ch03 > 素材 > 绘制风景插画 > 01"文件，如图 3-93 所示，单击"打开"按钮，打开文件，如图 3-94 所示。

图 3-93

图 3-94

（2）在"时间轴"面板中创建新图层并将其命名为"太阳"。选择"椭圆"工具◯，在椭圆工具"属性"面板"工具"选项卡中，单击"对象绘制"按钮▣，将笔触颜色设为白色，填充颜色设为洋红色（#FF465D），"笔触大小"设为 5，在按住 Shift 键的同时，在舞台窗口中绘制 1 个圆形，效果如图 3-95 所示。

（3）选择"选择"工具▶，选中绘制的圆形，如图 3-96 所示，按 Ctrl+C 组合键，将其复制。选择"修改 > 形状 > 将线条转换为填充"命令，将线条转换为填充对象，效果如图 3-97 所示。

图 3-95

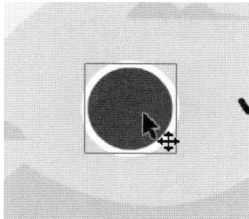

图 3-96

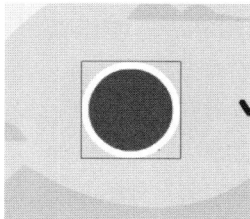

图 3-97

（4）选择"修改 > 形状 > 柔化填充边缘"命令，弹出"柔化填充边缘"对话框，在该对话框中进行设置，如图 3-98 所示，设置完成后，单击"确定"按钮，效果如图 3-99 所示。

柔化填充边缘

距离(D)：	15 像素	确定
步长数(N)：	4	取消
方向：	● 扩展(E)	
	○ 插入(I)	

图 3-98

图 3-99

（5）按 Ctrl+Shift+V 组合键，将复制的圆形原位粘贴到"太阳"图层中，如图 3-100 所示。在工具箱中将笔触颜色设为无，效果如图 3-101 所示。至此，风景插画绘制完成，效果如图 3-102 所示，按 Ctrl+Enter 组合键即可查看。

图 3-100

图 3-101

图 3-102

任务 3.3　认识"对齐"面板和"变形"面板

在 Animate 2020 中，可以应用"对齐"面板来设置多个对象之间的对齐方式，还可以应用"变形"面板来改变对象的大小以及倾斜度。

3.3.1　"对齐"面板

应用"对齐"面板可以将多个图形按照一定的规律进行排列，也可以快速调整图形之间的相对位置、平分间距和对齐方向。

选择"窗口 > 对齐"命令，弹出"对齐"面板，如图 3-103 所示。

"对齐"面板中的各选项的作用如下。

"左对齐"按钮 ▤：设置选取对象左端对齐。

"水平中齐"按钮 ▤：设置选取对象沿垂直线中对齐。

"右对齐"按钮 ▤：设置选取对象右端对齐。

"顶对齐"按钮 ▤：设置选取对象上端对齐。

"垂直中齐"按钮 ▤：设置选取对象沿水平线中对齐。

"底对齐"按钮 ▤：设置选取对象下端对齐。

"顶部分布"按钮 ▤：设置选取对象在横向上上端间距相等。

"垂直居中分布"按钮 ▤：设置选取对象在横向上中心间距相等。

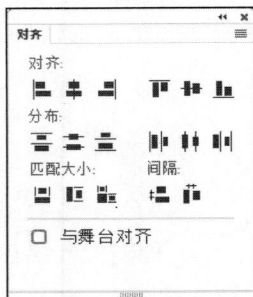

图 3-103

"底部分布"按钮 ▤：设置选取对象在横向上下端间距相等。

"左侧分布"按钮 ▤：设置选取对象在纵向上左端间距相等。

"水平居中分布"按钮 ▤：设置选取对象在纵向上中心间距相等。

"右侧分布"按钮 ▤：设置选取对象在纵向上右端间距相等。

"匹配宽度"按钮 ▤：设置选取对象在水平方向上等尺寸变形（以所选对象中宽度最大的为基准）。

"匹配高度"按钮 ▤：设置选取对象在垂直方向上等尺寸变形（以所选对象中高度最大的为基准）。

"匹配宽和高"按钮 ▤：设置选取对象在水平方向和垂直方向上同时等尺寸变形（同时以所选对象中宽度和高度最大的为基准）。

"垂直平均间隔"按钮 ▤：设置选取对象在纵向上间距相等。

"水平平均间隔"按钮 ▤：设置选取对象在横向上间距相等。

"与舞台对齐"复选框：勾选此复选框后，上述所有的设置操作都是以整个舞台的宽度或高度为基准的。

3.3.2　"变形"面板

应用"变形"面板可以对图形、组、文本以及实例进行变形。选择"窗口 > 变形"命令，弹出"变形"面板，如图 3-104 所示。

"变形"面板中的各选项的作用如下。

"缩放宽度"选项 ↔100.0 % 和"缩放高度"选项 ↕100.0 %：用于设置图形的宽度和高度。

"约束"按钮 ⊝：用于约束"宽度"和"高度"选项，使图形能够成比例地变形。

"重置缩放"按钮 ↻：用于将缩放图形恢复到初始状态。

"旋转"选项：用于设置图形的角度。

"倾斜"选项：用于设置图形的水平倾斜或垂直倾斜。

图 3-104

"水平翻转所选内容"按钮 ◄: 用于设置所选图形的水平翻转。

"垂直翻转所选内容"按钮 ⊼: 用于设置所选图形的垂直翻转。

"重制选区和变形"按钮 ⊡: 用于复制图形并将变形设置应用于图形。

"取消变形"按钮 ↺: 用于将图形属性恢复到初始状态。

任务实践——绘制家具插画

🖊 任务学习目标

使用"变形"面板改变图形的大小。

🔒 任务知识要点

使用"打开"命令打开素材文件,使用"变形"面板调整图形的大小,使用"对齐"面板将图形对齐。家具插画效果如图 3-105 所示。

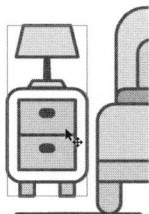

图 3-105

微课

绘制家具插画

◎ 效果所在位置

云盘/Ch03/效果/绘制家具插画.fla。

(1)选择"文件 > 打开"命令,在弹出的"打开"对话框中,选择云盘中的"Ch03 > 素材 > 绘制家具插画 > 01"文件,单击"打开"按钮,打开文件。

(2)选择"选择"工具 ▶,选中需要的图形,如图 3-106 所示。选择"窗口 > 变形"命令,在弹出的"变形"面板中,将"缩放宽度""缩放高度"均设为 85.0%,如图 3-107 所示,效果如图 3-108 所示。

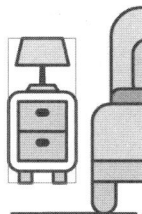

图 3-106

图 3-107

图 3-108

(3)保持图形的选取状态,按住 Alt 键的同时,向右拖曳图形到适当的位置以复制图形,效果如图 3-109 所示。选中需要的图形,如图 3-110 所示。

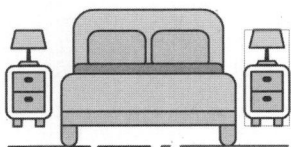

图 3-109

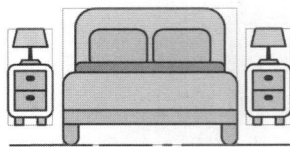

图 3-110

（4）选择"窗口 > 对齐"命令，弹出"对齐"面板，单击"底对齐"按钮 ▙，将选中的图形下端对齐，效果如图 3-111 所示。至此，家具插画绘制完成，效果如图 3-112 所示。

图 3-111

图 3-112

项目实践 ——绘制卡通小马插画

🔗 实践知识要点

使用基本矩形工具、基本椭圆工具、钢笔工具和直线工具绘制卡通小马身体部位，使用"将线条转换为填充"命令将线条转换为填充色块，使用"变形"面板旋转图形。卡通小马插画效果如图 3-113 所示。

微课

绘制卡通小马插画

◎ 效果所在位置

云盘/Ch03/效果/绘制卡通小马插画.fla。

图 3-113

课后习题 ——绘制黄昏风景插画

🔗 习题知识要点

使用椭圆工具绘制太阳图形，使用"柔化填充边缘"命令制作太阳光晕效果，使用钢笔工具绘制山的图形。黄昏风景插画效果如图 3-114 所示。

微课

绘制黄昏风景插画

◎ 效果所在位置

云盘/Ch03/效果/绘制黄昏风景插画.fla。

图 3-114

04

项目 4
编辑文本

项目导入

　　本项目主要讲解文本的创建、文本的类型、文本的转换。通过学习本项目的内容，学生可以充分利用文本工具和命令在动画影片中创建文本内容，编辑和设置文本样式，通过丰富的字体和赏心悦目的文本效果，增强动画的表现力。

项目目标

- ✔ 掌握文本的创建方法。
- ✔ 掌握文本的属性设置。
- ✔ 了解文本的类型。

技能目标

- ✔ 能够制作耳机网站首页。
- ✔ 能够制作服饰类 App 主页 Banner。

素养目标

- ✔ 加强文学基本功。
- ✔ 提高内容组织能力。

任务 4.1　了解文本的创建及类型

在制作动画时，设计师常常需要利用文字来更清楚地表达创作意图，使用 Animate 2020 创建和编辑文字，需要利用其提供的文字工具。

4.1.1　创建文本

选择"文本"工具 **T**，选择"窗口 > 属性"命令，弹出文本工具"属性"面板。如图 4-1 所示。将鼠标指针放置在场景中，鼠标指针变为 ┴┬。在场景中单击，出现文本输入光标，如图 4-2 所示，此时可直接输入文字，效果如图 4-3 所示。

图 4-1 　　　　　　　图 4-2 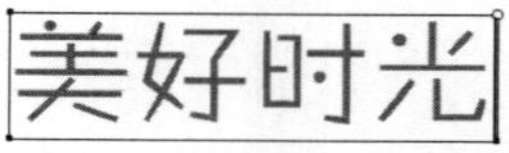　　　　　　　图 4-3

在场景中单击，按住鼠标左键不放，向右下角方向拖曳出一个文本框，如图 4-4 所示。松开鼠标左键，出现文本输入光标。在文本框中输入文字，文字被限定在文本框中，如果输入的文字较多，会自动将文字转到下一行显示，如图 4-5 所示。

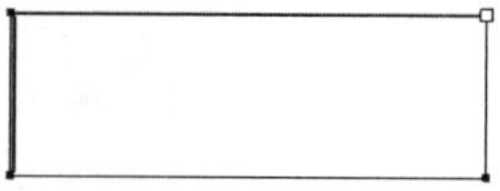

图 4-4 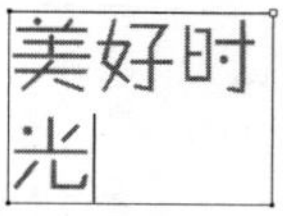　　　　　　　　　　图 4-5

用鼠标向左拖曳文本框上方的方形控制点，可以缩小文字的行宽，如图 4-6 所示；向右拖曳方形控制点可以扩大文字的行宽，如图 4-7 所示。

双击文本框上方的方形控制点，文字将转换成单行显示状态，而方形控制点将转换为圆形控制点，如图 4-8 所示。

图 4-6 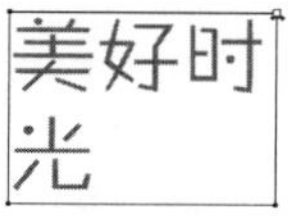　　　　　　　　　图 4-7 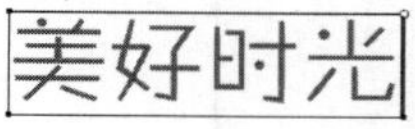　　　　　　　　　图 4-8

4.1.2　文本属性

Animate 为用户提供了集合多种文字调整按钮、选项的"属性"面板。该面板可用于调整字符属性（系列、样式、大小、字母间距、填充、自动调整字距和字符位置）和段落属性（对齐、边距、缩进和行距），如图 4-9 所示。下面对属性面板中的各文字调整按钮、选项进行逐一介绍。

1.　设置文本

"改变文本方向"按钮 ⬚：用于改变文字的排列方向。

"系列"下拉列表：设定选定字符或整个文本块文字的字体。

"大小"文本框：设定选定字符或整个文本块文字的大小。选项对应的数值越大，文字越大。

"填充"按钮 ⬚ 填充 ：为选定字符或整个文本块的文字设定纯色。

2.　设置字符与段落

文本排列方式按钮可以将文字以不同的形式进行排列。

"左对齐"按钮 ≡：将文字以文本框的左边线进行对齐。

"居中对齐"按钮 ≡：将文字以文本框的中线进行对齐。

"右对齐"按钮 ≡：将文字以文本框的右边线进行对齐。

"两端对齐"按钮 ≡：将文字以文本框的两端进行对齐。

"字母间距"选项 ⬚：在选定字符或整个文本块的字符之间插入统一的间隔。

"字符"选项组中可以通过下列按钮控制字符之间的相对位置。

"切换上标"按钮 T¹：用于将水平文本放在基线之上或将垂直文本放在基线的右边。

"切换下标"按钮 T₁：用于将水平文本放在基线之下或将垂直文本放在基线的左边。

"段落"选项组中可以通过下列按钮调整文本段落的格式。

"缩进"文本框 ⬚：用于调整文本段落的首行缩进。

"行距"文本框 ⬚：用于调整文本段落的行距。

"左边距"文本框 ⬚：用于调整文本段落的左侧间隙。

"右边距"文本框 ⬚：用于调整文本段落的右侧间隙。

图 4-9

3.　字体呈现方法

Animate 2020 中有 5 种不同的字体呈现选项，如图 4-10 所示。选择不同的选项可以得到不同的样式。

"使用设备字体"：选择此选项将生成一个较小的 SWF 文件，并采用用户计算机上当前安装的字体来呈现文本。

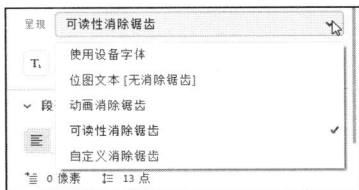

图 4-10

"位图文本［无消除锯齿］"：选择此选项将生成明显的文本边缘，没有消除锯齿。因为选择此选项生成的 SWF 文件中包含字体轮廓，所以生成的 SWF 文件较大。

"动画消除锯齿"：选择此选项将生成可顺畅进行动画播放的消除 锯齿文本。因为选择此选项生成的 SWF 文件中包含字体轮廓，所以生成的 SWF 文件较大。

"可读性消除锯齿"：选择此选项将使用高级消除锯齿引擎，提供品质最高、最易读的文本。因为选择此选项生成的文件中包含字体轮廓以及特定的消除锯齿信息，所以生成的 SWF 文件最大。

"自定义消除锯齿"：选择此选项的效果将与选择"可读性消除锯齿"选项的相同，但是可以直观地操作消除锯齿参数，以生成特定外观。此选项在为新字体或不常见的字体生成最佳的外观方面非常有用。

4. 设置文本超链接

"链接"文本框：可以在该文本框中直接输入网址，使当前文字成为超链接文本。

"目标"下拉列表：可以设置链接页面的打开方式，共有 4 种方式供选择。

- "_blank"：链接页面在新的浏览器中打开。
- "_parent"：链接页面在父框架中打开。
- "_self"：链接页面在当前框架中打开。
- "_top"：链接页面在默认的顶部框架中打开。

选中文字，如图 4-11 所示，选择文本工具"属性"面板，在"链接"文本框中输入链接的网址，在"目标"下拉列表中设置好链接页面的打开方式，如图 4-12 所示，设置完成后文字的下方出现下画线，表示已经链接，如图 4-13 所示。

图 4-11 　　　　　　　　　　图 4-12 　　　　　　　　　　图 4-13

> **提示**　只有当文本为水平方向排列时，超链接功能才可用；当文本为垂直方向排列时，超链接功能不可用。

4.1.3　静态文本

选择"静态文本"选项，"属性"面板如图 4-14 所示。

"可选"按钮：单击此按钮，当文件输出格式为 SWF 格式时，可以对影片中的文字进行选取、复制操作。

4.1.4　动态文本

选择"动态文本"选项，"属性"面板如图 4-15 所示。动态文本可以作为对象来应用。

"将文本呈现为 HTML"按钮：文本支持 HTML 标签特有的字体格式、超文本格式。

"在文本周围显示边框"按钮：用于为文本设置白色的背景和黑色的边框。

在"行为"选项下拉列表中可以设置以下行为。

- "单行"：文本以单行方式显示。
- "多行"：如果输入的文本大于设置的文本限制，输入的文本将被自动换行。
- "多行不换行"：在输入的文本为多行时，不会自动换行。

4.1.5　输入文本

选择"输入文本"选项，"属性"面板如图 4-16 所示。

图 4-14

图 4-15

图 4-16

"段落"选项组中的"行为"下拉列表新增了"密码"选项，选择此选项，当文件输出格式为 SWF 格式时，影片中的文字将显示为****。

在"选项"选项组中的"最大字符数"文本框中，可以设置最多输入文字的数值，默认值为 0，即不限制。如设置了最多输入文字的数值，此数值即输出 SWF 文件时，显示文字的最多数目。

任务实践——制作耳机网站首页

任务学习目标

使用绘图工具和"封套"命令绘制图形。

任务知识要点

使用文本工具输入需要的文字，使用"属性"面板设置文字的字体、大小、颜色、行距等。耳机网站首页效果如图 4-17 所示。

微课

制作耳机网站
首页

图 4-17

◎ 效果所在位置

云盘/Ch04/效果/制作耳机网站首页.fla。

（1）选择"文件 > 新建"命令，弹出"新建文档"对话框，在"详细信息"选项组中，将"宽"设为 1920，"高"设为 1000，在"平台类型"下拉列表中选择"ActionScript 3.0"选项，单击"创建"按钮，完成文档的创建。

（2）在"时间轴"面板中将"图层_1"重命名为"底图"。选择"文件 > 导入 > 导入到舞台"命令，在弹出的"导入"对话框中，选择云盘中的"Ch04 > 素材 > 制作耳机网站首页 > 01"文件，单击"打开"按钮，文件被导入舞台窗口中，如图 4-18 所示。

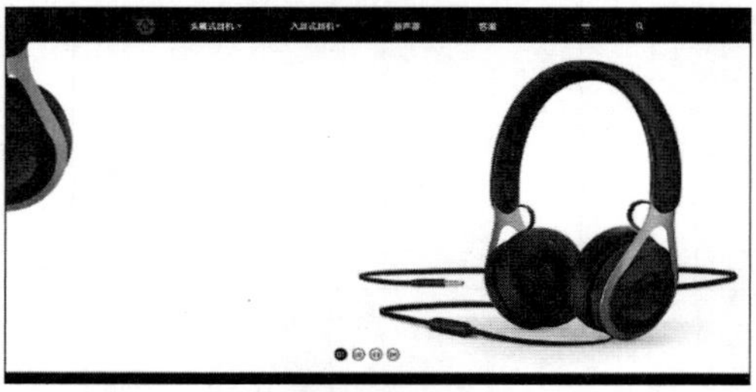

图 4-18

（3）在"时间轴"面板中创建新图层并将其命名为"标题"。选择"文本"工具 **T**，在文本工具"属性"面板"工具"选项卡中，将字体设为"方正正粗黑简体"，"大小"设为 68，"填充"设为黑色，其他选项的设置如图 4-19 所示。在舞台窗口中输入需要的文字，如图 4-20 所示。

图 4-19

图 4-20

（4）如图 4-21 所示，选中文本中的英文与数字，在工具箱中将填充颜色设为深蓝色（#11286F），效果如图 4-22 所示。

图 4-21

图 4-22

（5）在"时间轴"面板中创建新图层并将其命名为"介绍文"。选择"文本"工具 **T**，在文本工具"属性"面板"工具"选项卡中，将字体设为"方正兰亭黑简体"，"大小"设为 18，字母间距设为 2，"填充"设为黑色；单击"两端对齐"按钮 ≡，"行距"设为 13，其他选项的设置如图 4-23 所示；

在舞台窗口中单击，按住鼠标左键不放，拖曳鼠标绘制 1 个文本框，如图 4-24 所示，在文本框中输入文字，效果如图 4-25 所示。

图 4-23

图 4-24　　　　　　　　　　　　　　　　图 4-25

（6）将鼠标指针放置在文本框的右上方，鼠标指针变为↔时，如图 4-26 所示，单击按住鼠标左键不放，将文本框向右拖曳到适当的位置，调整文本框的宽度，效果如图 4-27 所示。

图 4-26　　　　　　　　　　　　　　　　　　图 4-27

（7）在"时间轴"面板中创建新图层并将其命名为"价位"。在文本工具"属性"面板"工具"选项卡中，将字体设为"微软雅黑"，"大小"设为 36，"填充"设为深蓝色（#11286F），其他选项的设置如图 4-28 所示；在舞台窗口中适当的位置输入文字，如图 4-29 所示。

图 4-28　　　　　　　　　　　　　　　　图 4-29

（8）在文本工具"属性"面板"工具"选项卡中，将字体设为"方正正粗黑简体"，"大小"设为 48，"填充"设为深蓝色（#11286F），其他选项的设置如图 4-30 所示；在舞台窗口中适当的位置输入文字，如图 4-31 所示。

图 4-30

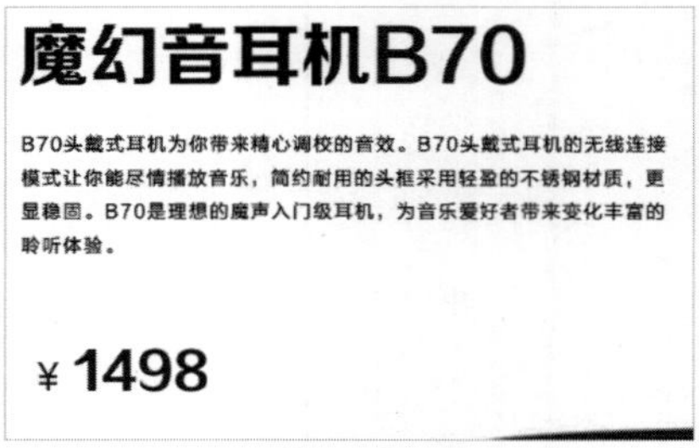

图 4-31

（9）耳机网站首页制作完成，效果如图 4-32 所示，按 Ctrl+Enter 组合键即可查看。

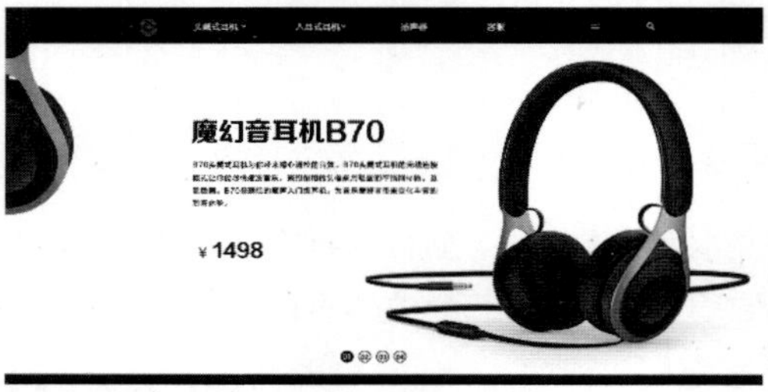

图 4-32

任务 4.2　掌握文本的转换

在 Animate 2020 中创建文本后，我们可以根据设计与制作的需要对文本进行编辑，例如对文本进行变形处理或为文本填充渐变色。

4.2.1　变形文本

选中文字，如图 4-33 所示，按两次 Ctrl+B 组合键，将文字分离，如图 4-34 所示。

图 4-33

图 4-34

选择"修改 > 变形 > 封套"命令，在文字的周围出现控制点，如图 4-35 所示，拖曳控制点，改变文字的形状，如图 4-36 所示，效果如图 4-37 所示。

图 4-35

图 4-36

图 4-37

4.2.2 填充文本

选中文字，如图 4-38 所示，按两次 Ctrl+B 组合键，将文字分离，如图 4-39 所示。

选择"窗口 > 颜色"命令，弹出"颜色"面板，单击"填充颜色"按钮 ⚛ ▭，在颜色类型下拉列表中选择"径向渐变"，在色带上设置渐变颜色，如图 4-40 所示，文字效果如图 4-41 所示。

图 4-38    图 4-39 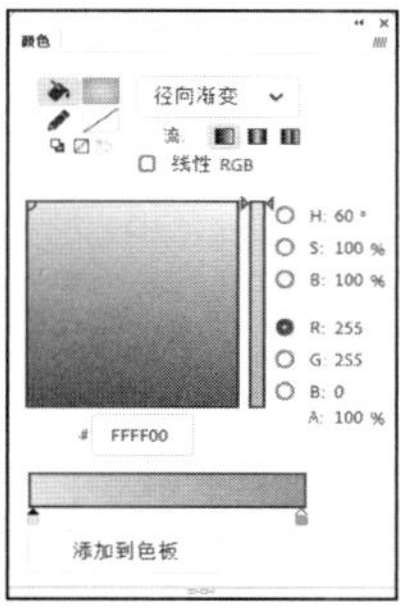   图 4-40    图 4-41

选择"墨水瓶"工具 ✍，在墨水瓶工具"属性"面板中，将笔触颜色设为红色（#FF5570），"笔触大小"设为 3，如图 4-42 所示，分别在文字的外边线上单击，为文字添加外边框，效果如图 4-43 所示。

图 4-42    图 4-43

任务实践——制作服饰类 App 主页 Banner

✍ 任务学习目标

使用"封套"命令让文字变形。

🔒 任务知识要点

使用文本工具输入需要的文字，使用"分离"命令将文字分离，使用"封套"命令让文字变形。服饰类 App 主页 Banner 效果如图 4-44 所示。

图 4-44

微课

制作服饰类 App
主页 Banner

⊙ **效果所在位置**

云盘/Ch04/效果/制作服饰类 App 主页 Banner.fla。

（1）选择"文件 > 新建"命令，弹出"新建文档"对话框，在"详细信息"选项组中，将"宽"设为 750，"高"设为 200，在"平台类型"下拉列表中选择"ActionScript 3.0"选项，单击"创建"按钮，完成文档的创建。

（2）选择"文件 > 导入 > 导入到舞台"命令，在弹出的"导入"对话框中，选择云盘中的"Ch04 > 素材 > 制作服饰类 App 主页 Banner > 01"文件，单击"打开"按钮，弹出"将'01.ai'导入到舞台"对话框，单击"导入"按钮，文件被导入舞台窗口中，如图 4-45 所示。将"图层_1"重命名为"底图"，如图 4-46 所示。

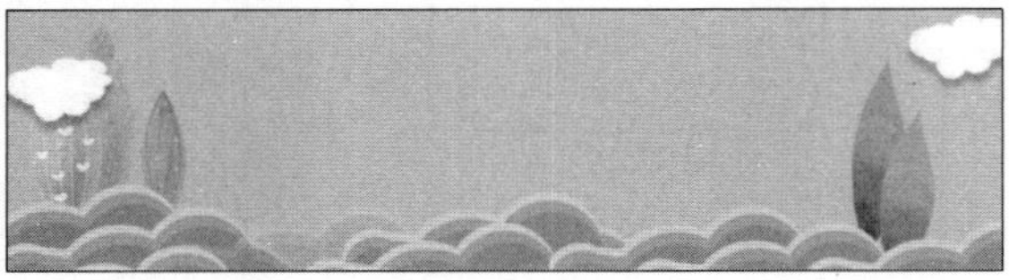

图 4-45

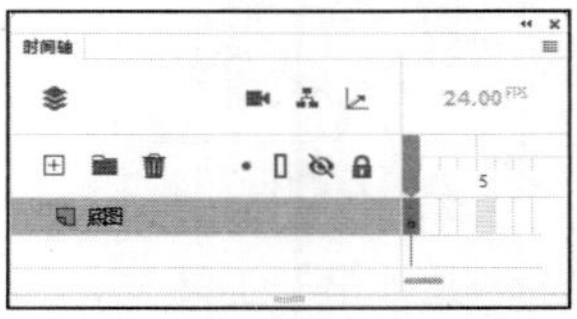

图 4-46

（3）在"时间轴"面板中创建新图层并将其命名为"日期"。选择"文本"工具 **T**，在文本工具"属性"面板"工具"选项卡中，将字体设为"方正正大黑简体"，"大小"设为 14，"填充"设为绿色（#4EC6C7），其他选项的设置如图 4-47 所示；在舞台窗口中输入需要的文字，如图 4-48 所示。

图 4-47

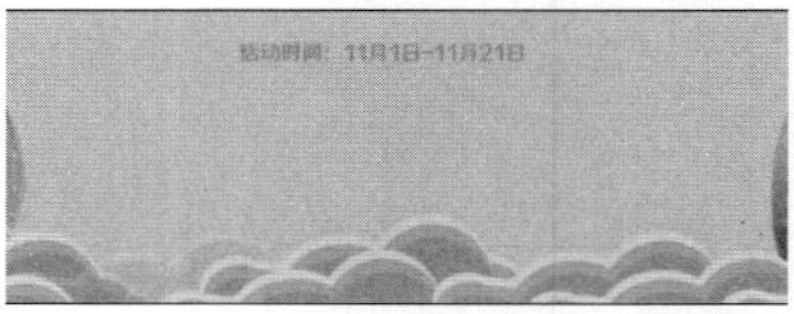

图 4-48

（4）在"时间轴"面板中创建新图层并将其命名为"初冬特惠季"。选择"文本"工具 **T**，在文本工具"属性"面板"工具"选项卡中，将字体设为"方正正大黑简体"，"大小"设为 78，"填充"设为深红色（#5F0A13），其他选项的设置如图 4-49 所示；在舞台窗口中输入需要的文字，如图 4-50 所示。

图 4-49

图 4-50

（5）选中输入的文字"初冬特惠季"，按两次 Ctrl+B 组合键，将其分离，效果如图 4-51 所示。选择"修改 > 变形 > 封套"命令，在文字图形上出现控制点，如图 4-52 所示。

图 4-51

图 4-52

（6）将鼠标指针放在下方中间的控制点上，鼠标指针变为 ▷，用鼠标拖曳控制点，如图 4-53 所示，调整文字图形上的其他控制点，使文字图形产生相应的变形，效果如图 4-54 所示。

图 4-53

图 4-54

（7）用鼠标右键单击"时间轴"面板中的"初冬特惠季"图层，在弹出的快捷菜单中选择"复制图层"命令，直接复制图层，将复制的图层重命名为"初冬特惠季 1"，如图 4-55 所示。保持图形的选取状态，在工具箱中将填充颜色设为玫红色（#FF5570），效果如图 4-56 所示。

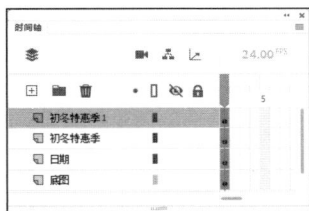

图 4-55

图 4-56

（8）按 Ctrl+T 组合键，弹出"变形"面板，将"缩放宽度"设为 97.0%，"缩放高度"设为 95.0%，如图 4-57 所示，效果如图 4-58 所示。

图 4-57

图 4-58

（9）用鼠标右键单击"时间轴"面板中的"初冬特惠季 1"图层，在弹出的快捷菜单中选择"复制图层"命令，直接复制图层，将复制的图层重命名为"初冬特惠季 2"。保持图形的选取状态，在工具箱中将填充颜色设为黄色（#FFF836），效果如图 4-59 所示。

（10）按 Ctrl+T 组合键，弹出"变形"面板，将"缩放宽度"设为 97.0%，"缩放高度"设为 95.0%，效果如图 4-60 所示。

图 4-59

图 4-60

（11）在"时间轴"面板中创建新图层并将其命名为"文字"。选择"文本"工具**T**，在文本工具"属性"面板"工具"选项卡中，将字体设为"方正粗谭黑简体"，"大小"设为 28，"填充"设为深红色（#5F0A13）；在舞台窗口中输入需要的文字，如图 4-61 所示。

（12）选中输入的文字"大牌限时降"，按 Ctrl+C 组合键，将其复制。按两次 Ctrl+B 组合键，将其分离，效果如图 4-62 所示。按 Esc 键，取消选择。

图 4-61

图 4-62

（13）选择"墨水瓶"工具，在墨水瓶工具"属性"面板"工具"选项卡中，将笔触颜色设为玫红色（#FF5570），"笔触大小"设为 1，其他选项的设置如图 4-63 所示。在文字的外边线上单击，为文字添加外边框，效果如图 4-64 所示。

图 4-63

图 4-64

（14）按 Ctrl+Shift+V 组合键，将复制的文字原位粘贴，效果如图 4-65 所示。至此，服饰类 App 主页 Banner 制作完成，效果如图 4-66 所示，按 Ctrl+Enter 组合键即可查看。

图 4-65

图 4-66

项目实践 ——制作兰州牛肉拉面海报

🔗 实践知识要点

使用文本工具输入需要的文字，使用"分离"命令将文字分离，使用"封套"命令对文字进行变形。兰州牛肉拉面海报效果如图 4-67 所示。

图 4-67

微课

制作兰州牛肉
拉面海报

◎ 效果所在位置

云盘/Ch04/效果/制作兰州牛肉拉面海报.fla。

课后习题 ——制作文具广告 Banner

🔗 习题知识要点

使用文本工具输入文字，使用"属性"面板设置文字的字体、大小、颜色，使用基本椭圆工具绘制圆形。文具广告 Banner 效果如图 4-68 所示。

图 4-68

微课

制作文具广告
Banner

◎ 效果所在位置

云盘/Ch04/效果/制作文具广告 Banner.fla。

05 项目 5
外部素材的使用

项目导入

在 Animate 2020 中可以导入外部的图像和视频素材来增强动画效果。通过学习本项目的内容，学生可以了解并掌握如何应用 Animate 2020 来处理和编辑外部素材，使外部素材与内部素材充分结合，从而制作出更加生动的动画作品。

项目目标

- 掌握图像素材的导入和编辑方法。
- 掌握视频素材的导入和编辑方法。

技能目标

- 能够制作运动鞋广告。
- 能够制作液晶电视广告。

素养目标

- 培养收集、整理素材的能力。
- 培养精益求精的工作作风。

任务 5.1　熟悉图像素材的操作

在制作动画时想要使用图像、视频、音频等外部素材文件时，需要提前将这些外部素材文件导入。素材按照属性和作用通常可以分为 3 种类型，即图像素材、视频素材和音频素材。下面重点介绍图像素材的操作。

5.1.1　导入图像素材

Animate 2020 能识别多种不同的位图和向量图的文件格式，可以通过导入或粘贴的方法将素材引入 Animate 2020。

1. 导入到舞台

（1）导入位图到舞台

导入位图到舞台上时，舞台上会显示出该位图，同时，该位图被保存到"库"面板中。

选择"文件 > 导入 > 导入到舞台"命令，或按 Ctrl+R 组合键，弹出"导入"对话框，在该对话框中选中要导入的位图"01"，如图 5-1 所示，单击"打开"按钮，弹出提示对话框，如图 5-2 所示。

"是"按钮：单击此按钮，将会导入一组序列文件。

"否"按钮：单击此按钮，将只导入当前选择的文件。

"取消"按钮：单击此按钮，将取消当前操作。

图 5-1　　　　　　　　　　　　　　图 5-2

当单击"否"按钮时，选择的位图"01"被导入舞台，如图 5-3 所示。这时，"库"面板和"时间轴"面板上所显示的效果分别如图 5-4 和图 5-5 所示。

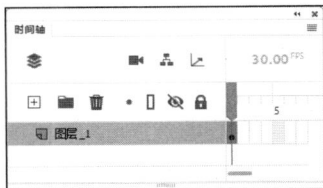

图 5-3　　　　　　　　　　　图 5-4　　　　　　　　　　　图 5-5

当单击"是"按钮时，位图"01～04"全部被导入舞台，如图 5-6 所示。这时，"库"面板和"时间轴"面板上所显示的效果分别如图 5-7 和图 5-8 所示。

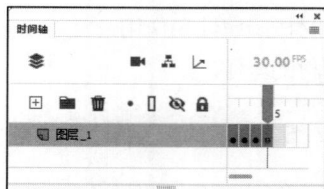

图 5-6　　　　　　　　　图 5-7　　　　　　　　　图 5-8

> **提示**
>
> 可以用各种方式将多种位图导入 Animate，并且可以从 Animate 中启动 Fireworks 或其他外部图像编辑器，从而在这些图像编辑器中修改导入的位图。可以对导入位图应用压缩和消除锯齿功能，从而控制位图在 Animate 应用程序中的大小和外观，还可以将导入位图作为填充内容应用到对象中。

（2）导入矢量图到舞台

导入矢量图到舞台上时，舞台上会显示该矢量图，但该矢量图不会被保存到"库"面板中。

选择"文件 > 导入 > 导入到舞台"命令，弹出"导入"对话框，在该对话框中选中要导入的文件，单击"打开"按钮，弹出相应对话框，所有选项为默认值，如图 5-9 所示，单击"导入"按钮，矢量图被导入舞台，如图 5-10 所示。此时，查看"库"面板，可以发现其并没有保存矢量图，如图 5-11 所示。

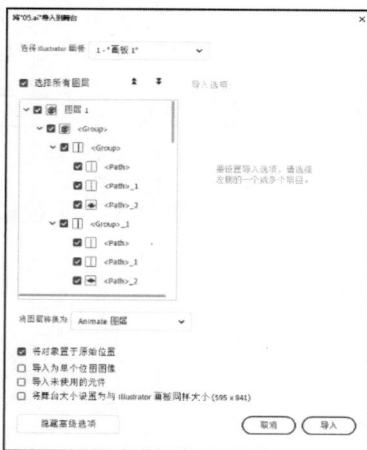

图 5-9　　　　　　　　　

图 5-10　　　　　　　　　图 5-11

2. 导入库

（1）导入位图到库

导入位图到"库"面板时，舞台上不会显示该位图，只在"库"面板中显示。

选择"文件 > 导入 > 导入到库"命令，弹出"导入到库"对话框，在该对话框中选中文件，单击"打开"按钮，位图被导入"库"面板中，如图 5-12 所示。

（2）导入矢量图到库

导入矢量图到"库"面板时，舞台上不会显示该矢量图，只在"库"面板中显示。

选择"文件 > 导入 > 导入到库"命令，弹出"导入到库"对话框，在该对话框中选中文件，单击"打开"按钮，弹出相应对话框，单击"导入"按钮，矢量图被导入"库"面板中，如图 5-13 所示。

图 5-12

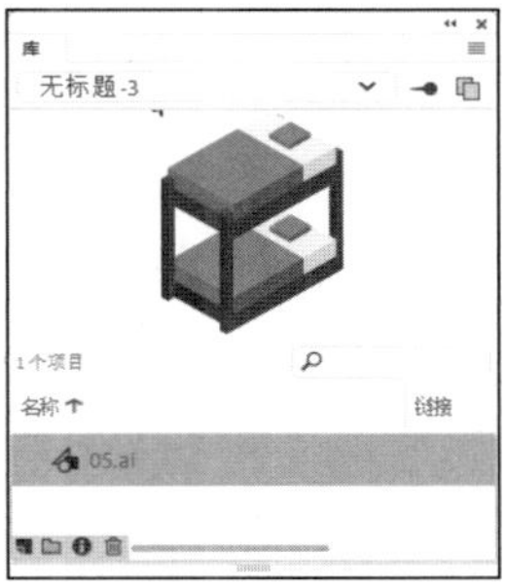

图 5-13

5.1.2 将位图转换为图形

使用 Animate 可以将位图分离为可编辑的图形，而且可以保留位图原来的细节。在分离位图后，可以使用绘画工具和涂色工具来修改位图的区域。

将云盘中的"基础素材 > Ch05 > 06"文件，导入舞台窗口中。选择"传统画笔"工具 ✐，在位图上绘制线条，如图 5-14 所示。绘制出的线条只能在位图下方显示，如图 5-15 所示。

图 5-14

图 5-15

在舞台中选中导入的位图，选择"修改 > 分离"命令，或按 Ctrl+B 组合键，将位图分离，如图 5-16 所示。可以对分离后的位图进行编辑。选择"传统画笔"工具 ✐，在位图上绘制线条，绘制出的线条在位图上方显示，如图 5-17 所示。

图 5-16

图 5-17

选择"选择"工具 ▶，改变图形形状或删减部分图形，效果分别如图 5-18 和图 5-19 所示。

选择"橡皮擦"工具 ◆，擦除部分图形，效果如图 5-20 所示。选择"墨水瓶"工具 ，为图形添加外边框，效果如图 5-21 所示。

| 图 5-18 | 图 5-19 | 图 5-20 | 图 5-21 |

选择"魔术棒"工具 ✨，在向日葵的花瓣上单击，将向日葵的橘黄色部分选中，如图 5-22 所示，按 Delete 键，删除选中的图形，效果如图 5-23 所示。

| 图 5-22 | 图 5-23 |

> **提示**
>
> 将位图转换为图形后，图形不再链接到"库"面板中的位图组件，也就是说，修改分离后的图形不会对"库"面板中对应的位图组件产生影响。

5.1.3　将位图转换为矢量图

分离命令的作用仅是将位图分离为可编辑的图形，但该图形依然是一个整体。如果用"颜料桶"工具填充的话，整个图形将作为一个整体被填充。然而，有时用户需要修改图像的局部，Animate 提供的"转换位图为矢量图"命令可以将图像按照颜色区域分离，这样就可以修改图像的局部。

选中位图，如图 5-24 所示，选择"修改 > 位图 > 转换位图为矢量图"命令，弹出"转换位图为矢量图"对话框，该对话框中的设置如图 5-25 所示，设置完成后，单击"确定"按钮，将位图转换为矢量图，如图 5-26 所示。

| 图 5-24 | 图 5-25 | 图 5-26 |

"转换位图为矢量图"对话框中各选项的作用如下。

"颜色阈值"文本框：设置将位图转化成矢量图时的色彩细节。数值的输入范围为 0 ~ 500，该值越大，图像越细腻。

"最小区域"文本框：设置将位图转化成矢量图时的色块大小。数值的输入范围为 0 ~ 1000，该值越大，色块越大。

"角阈值"下拉列表：定义角转化的精细程度。

"曲线拟合"下拉列表：设置在转换过程中对色块处理的精细程度。图形转换时边缘越光滑，原图像细节的失真程度越高。

任务实践——制作运动鞋广告

任务学习目标

使用"转换位图为矢量图"命令进行图像的转换。

任务知识要点

使用"导入到库"命令导入素材文件,使用"转换位图为矢量图"命令将位图转换为矢量图。运动鞋广告效果如图 5-27 所示。

图 5-27

微课

制作运动鞋广告

效果所在位置

云盘/Ch05/效果/制作运动鞋广告.fla。

(1)选择"文件 > 新建"命令,弹出"新建文档"对话框,在"详细信息"选项组中,将"宽"设为 1920,"高"设为 1000,在"平台类型"下拉列表中选择"ActionScript 3.0"选项,单击"创建"按钮,完成文档的创建。

(2)选择"文件 > 导入 > 导入到库"命令,在弹出的"导入到库"对话框中,选择云盘中的"Ch05 > 素材 > 制作运动鞋广告 > 01~04"文件,单击"打开"按钮,文件被导入到"库"面板中,如图 5-28 所示。

(3)将"图层_1"重命名为"底图"。将"库"面板中的位图"01"拖曳到舞台窗口中,并放置在与舞台中心重叠的位置,如图 5-29 所示。

图 5-28

图 5-29

(4)在"时间轴"面板中创建新图层并将其命名为"鞋子",如图 5-30 所示。将"库"面板中的位图"02"拖曳到舞台窗口中,并放置在适当的位置,如图 5-31 所示。

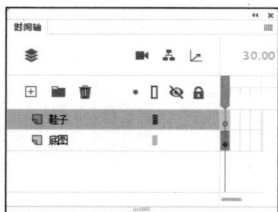

图 5-30

图 5-31

（5）选择"修改 > 位图 > 转换位图为矢量图"命令，弹出"转换位图为矢量图"对话框，在该对话框中进行设置，如图 5-32 所示，设置完成后，单击"确定"按钮，效果如图 5-33 所示。

图 5-32

图 5-33

（6）在"时间轴"面板中创建新图层并将其命名为"装饰"。将"库"面板中的位图"03"拖曳到舞台窗口中，并放置在适当的位置，如图 5-34 所示。

（7）在"时间轴"面板中创建新图层并将其命名为"文字"。将"库"面板中的位图"04"拖曳到舞台窗口中，并放置在适当的位置，如图 5-35 所示。至此，运动鞋广告制作完成，按 Ctrl+Enter 组合键即可查看效果。

图 5-34

图 5-35

任务 5.2　熟悉视频素材的操作

在应用 Animate 2020 制作动画的过程中，可以导入外部的视频素材并将其应用到动画作品中，还可以根据需要导入不同格式的视频素材并设置视频素材的属性。

5.2.1　导入视频素材

F4V 格式是 Adobe 公司为了迎接高清时代而推出的继 FLV 格式之后的支持 H.264 的流媒体格式。F4V 格式和 FLV 格式主要的区别在于，FLV 格式采用的是 H.263 编码，而 F4V 格式则支持 H.264 编码的高清视频，码率最高可达 50Mbit/s。

使用 FLV 格式的文件可以导入、导出带编码音频的静态视频流，适用于通信应用程序，例如视频会议或包含从 Adobe 的 Macromedia Flash Media Server 中导出的屏幕共享编码数据的文件。

要导入 FLV 格式的文件，可以选择"文件 > 导入 > 导入视频"命令，弹出"导入视频"对话框，单击"浏览"按钮，在弹出的"打开"对话框选择要导入的 FLV 影片，单击"打开"按钮，返回"导入视频"对话框，在该对话框的"选择视频"界面中选择"在 SWF 中嵌入 FLV 并在时间轴中播放"单选项，如图 5-36 所示，单击"下一步"按钮，进入"嵌入"界面，如图 5-37 所示。

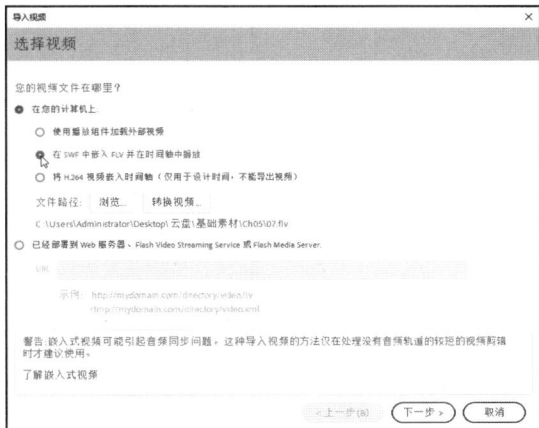

图 5-36

图 5-37

单击"下一步"按钮，进入"完成视频导入"界面，如图 5-38 所示，单击"完成"按钮完成视频的编辑，效果如图 5-39 所示。此时，"时间轴"面板和"库"面板中的效果分别如图 5-40 和图 5-41 所示。

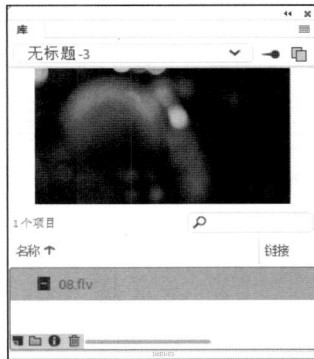

图 5-38

图 5-39

图 5-40

图 5-41

5.2.2　更改视频的属性

在"属性"面板中可以更改导入视频的属性。选中视频，选择"窗口 > 属性"命令，弹出视频"属性"面板，如图 5-42 所示。

"实例名称"文本框：可以设定嵌入视频的名称。

"交换元件"按钮 ⇄：单击此按钮，弹出"交换视频"对话框，可以将当前视频剪辑与另一个视频剪辑交换。

"X""Y"文本框：可以设定视频在场景中的位置。

"宽""高"文本框：可以分别设定视频的宽度和高度。

图 5-42

任务实践——制作液晶电视广告

🖊 任务学习目标

使用"导入视频"命令导入视频，制作液晶电视广告效果。

🔒 任务知识要点

使用"导入视频"命令导入视频，使用"变形"面板调整视频的大小，使用"属性"面板固定视频的位置，使用基本矩形工具和"遮罩层"命令调整视频的显示效果。液晶电视广告效果如图 5-43 所示。

图 5-43

微课

制作液晶电视
广告

◎ 效果所在位置

云盘/Ch05/效果/制作液晶电视广告. fla。

（1）选择"文件>新建"命令，弹出"新建文档"对话框，在"详细信息"选项组中，将"宽"设为 1920，"高"设为 800，在"平台类型"下拉列表中选择"ActionScript 3.0"选项，单击"创建"按钮，完成文档的创建。

（2）将"图层_1"重命名为"底图"。按 Ctrl+R 组合键，在弹出的"导入"对话框中，选择云盘中的"Ch05 > 素材 > 制作液晶电视广告 > 01"文件，单击"打开"按钮，文件被导入舞台窗口中，效果如图 5-44 所示。

（3）在"时间轴"面板中创建新图层并将其命名为"视频"。选择"文件 > 导入 > 导入视频"命令，在弹出的"导入视频"对话框中，单击"浏览"按钮，在弹出的"打开"对话框中，选择云盘中的"Ch05 > 素材 > 制作液晶电视广告 > 02"文件，如图 5-45 所示，单击"打

图 5-44

开"按钮,返回"导入视频"对话框,在该对话框的"选择视频"界面中选择"在 SWF 中嵌入 FLV 并在时间轴中播放"单选项,如图 5-46 所示。

图 5-45

图 5-46

（4）单击"下一步"按钮,进入"嵌入"界面,该界面中的设置如图 5-47 所示。单击"下一步"按钮,进入"完成视频导入"界面,如图 5-48 所示,单击"完成"按钮完成视频的导入,"02"视频文件被导入舞台窗口中,如图 5-49 所示。选中"底图"图层的第 550 帧,按 F5 键,插入普通帧,如图 5-50 所示。

图 5-47

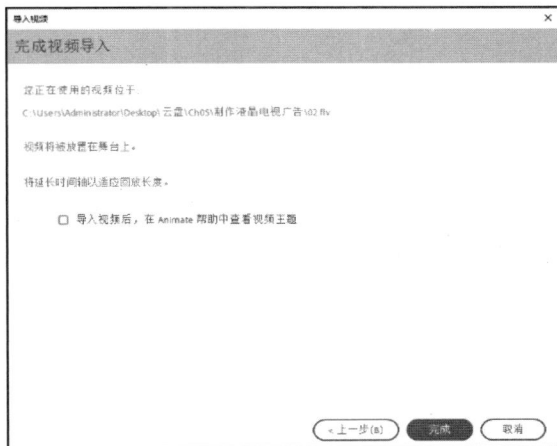

图 5-48

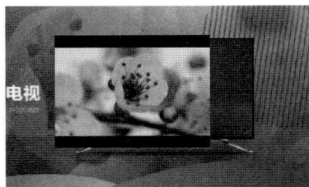

图 5-49

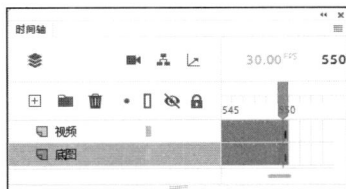

图 5-50

（5）保持视频的选取状态,按 Ctrl+T 组合键,弹出"变形"面板,将"缩放宽度""缩放高度"均设为 114.0%,效果如图 5-51 所示。

（6）在"属性"面板"对象"选项卡中，将"X"设为946.5，"Y"设为94，效果如图5-52所示。

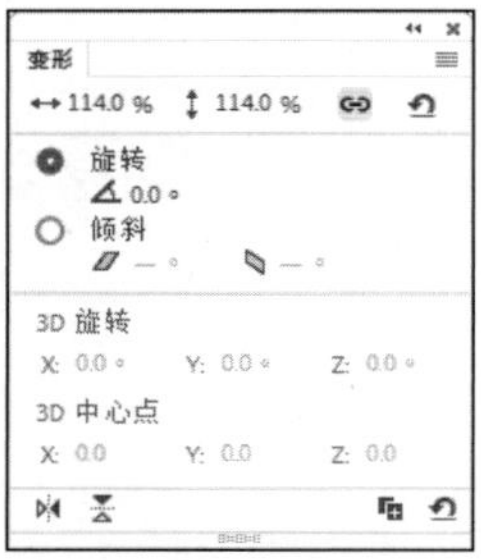

图 5-51

图 5-52

（7）在"时间轴"面板中创建新图层并将其命名为"矩形"。选择"基本矩形"工具▇，在工具箱中将填充颜色设为橘黄色（#FF9F06），在舞台窗口中绘制1个矩形。保持矩形的选取状态，在"属性"面板"对象"选项卡中，将"X"设为948，"Y"设为150，效果如图5-53所示。

（8）用鼠标右键单击"矩形"图层，在弹出的快捷菜单中选择"遮罩层"命令，将"矩形"图层设置为遮罩层，"视频"图层设置为被遮罩层，效果如图5-54所示。至此，液晶电视广告制作完成，按Ctrl+Enter组合键即可查看效果。

图 5-53

图 5-54

项目实践 ——制作化妆品广告

🔗 实践知识要点

使用"导入"命令导入素材，使用文本工具输入文字。化妆品广告效果如图5-55所示。

图 5-55

微课

制作化妆品广告

效果所在位置

云盘/Ch05/效果/制作化妆品广告.fla。

课后习题 ——制作旅游海报

习题知识要点

使用"导入视频"命令导入视频，使用"变形"面板调整视频的大小。旅游海报效果如图 5-56 所示。

图 5-56

微课

制作旅游海报

效果所在位置

云盘/Ch05/效果/制作旅游海报.fla。

06

项目 6
元件和库

项目导入

  在 Animate 2020 中，通过重复应用元件，可以提高工作效率并减少文件量。本项目主要讲解元件的创建、应用以及"库"面板的组成。通过学习本项目的内容，学生可以了解并掌握如何应用元件，制作出变化多样的动画效果。

项目目标

- ✔ 了解元件的类型。
- ✔ 掌握元件的创建方法。
- ✔ 掌握元件的应用方法。

技能目标

- ✔ 能够制作新年贺卡。
- ✔ 能够绘制端午节卡通形象。

素养目标

- ✔ 培养提高效率的工作习惯。
- ✔ 培养不惧困难的学习精神。

任务 6.1　了解元件与"库"面板

在 Animate 2020 的舞台上，经常要有一些对象进行"表演"，当不同的舞台上有相同的对象进行表演时，若重新建立并使用这些重复对象的话，文件会非常大。另外，如果动画中使用很多重复对象而不使用元件，装载时就要不断地装载重复对象，增加了动画演示时间。因此，Animate 引入元件的概念，所谓元件就是可以被不断重复使用的特殊对象符号。当不同的舞台上有相同的对象进行"表演"时，用户可建立该对象的元件，需要使用该对象时只需在舞台上创建该元件的实例即可。因为实例是元件在场景中的表现形式，也是元件在舞台上的一次具体使用，演示动画时重复创建元件的实例只加载一次，所以重复使用实例不会增加文件的大小。

1．图形元件

图形元件 有自己的编辑区和时间轴，一般用于创建静态图像或创建可重复使用的、与主场景中的时间轴（主时间轴）相关联的动画。如果在场景中创建元件的实例，那么实例将受到主时间轴的约束。换句话说，图形元件中的时间轴与其实例所在的主时间轴是同步的。另外，我们可以在图形元件中使用矢量图、图像、音频和动画的元素，但不能为图形元件提供实例名称，也不能在动作脚本中引用图形元件，并且音频在图形元件中失效。

2．按钮元件

按钮元件 主要用于创建能激发某种交互行为的按钮。

3．影片剪辑元件

影片剪辑元件 与图形元件一样有自己的编辑区和时间轴，但它和图形元件不完全相同。影片剪辑元件的时间轴是独立的，它不受其实例所在的主时间轴的控制。比如，在场景中创建影片剪辑元件的实例，此时即便场景中只有一帧，在发布作品时电影片段中也可播放动画。另外，我们可以在影片剪辑元件中使用矢量图、图像、音频、影片剪辑元件、图形组件、按钮组件等，并且能在动作脚本中引用影片剪辑元件。

6.1.1　创建图形元件

选择"插入 > 新建元件"命令，或按 Ctrl+F8 组合键，弹出"创建新元件"对话框，在"名称"文本框中输入"收音机"，在"类型"下拉列表中选择"图形"选项，如图 6-1 所示。

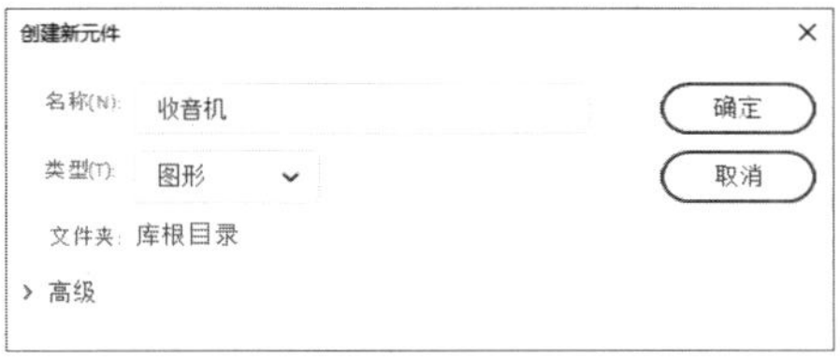

图 6-1

单击"确定"按钮，创建一个新的图形元件"收音机"。图形元件的名称出现在舞台的左上方，舞台切换到图形元件"收音机"的窗口，窗口中间出现十字"+"，它代表图形元件的中心定位点，如图 6-2 所示。在"库"面板中显示图形元件，如图 6-3 所示。

选择"文件 > 导入 > 导入到舞台"命令，弹出"导入"对话框，在该对话框中选择云盘中的"基础素材 > Ch06 > 01"文件，单击"打开"按钮，将素材导入舞台，如图 6-4 所示。至此，完成图形元件的创建。单击舞台窗口左上方的图标←，就可以返回场景的编辑舞台。

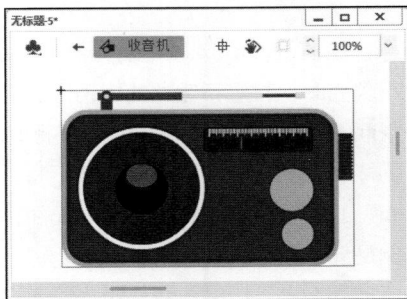

| 图 6-2 | 图 6-3 | 图 6-4 |

6.1.2　创建按钮元件

选择"插入 > 新建元件"命令，弹出"创建新元件"对话框，在"名称"文本框中输入"锁"，在"类型"下拉列表中选择"按钮"选项，如图 6-5 所示。

单击"确定"按钮，创建一个新的按钮元件"锁"。按钮元件的名称出现在舞台的左上方，舞台切换到按钮元件"锁"的窗口，窗口中间出现十字"+"，它代表按钮元件的中心定位点。在"时间轴"窗口中显示 4 个状态帧——"弹起"帧、"指针经过"帧、"按下"帧、"点击"帧，如图 6-6 所示。

"弹起"帧：设置鼠标指针不在按钮上时按钮的外观。

"指针经过"帧：设置鼠标指针放在按钮上时按钮的外观。

"按下"帧：设置按钮被单击时的外观。

"点击"帧：设置响应单击的区域。在这个区域创建的图形不会出现在画面中。

"库"面板中的效果如图 6-7 所示。

| 图 6-5 | 图 6-6 | 图 6-7 |

选择"文件 > 导入 > 导入到舞台"命令，在弹出的"导入"对话框中，选择云盘中的"基础素材 > Ch06 > 02"文件，单击"打开"按钮，弹出提示对话框，单击"否"按钮，弹出"将'02.ai'导入到库"对话框，单击"导入"按钮，文件被导入舞台窗口中，如图 6-8 所示。在"时间轴"面板中选中"指针经过"帧，按 F7 键，插入空白关键帧，如图 6-9 所示。

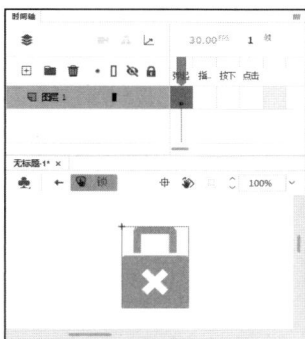

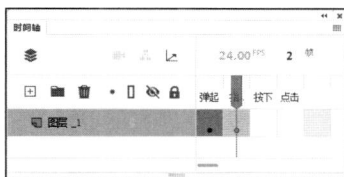

图 6-8   图 6-9

　　选择"文件 > 导入 > 导入到库"命令，弹出"导入到库"对话框中，选择云盘中的"基础素材 > 项目 6 > 03 和 04"文件，单击"打开"按钮，弹出提示对话框，单击"导入"按钮，将文件导入"库"面板中，如图 6-10 所示。将"库"面板中的图形元件"03"拖曳到舞台窗口中，并放置在适当的位置，如图 6-11 所示。在"时间轴"面板中选中"按下"帧，按 F7 键，插入空白关键帧，如图 6-12 所示。

图 6-10   图 6-11   图 6-12

　　将"库"面板中的图形元件"04"拖曳到舞台窗口中，并放置在适当的位置，如图 6-13 所示。在"时间轴"面板中选中"点击"帧，按 F7 键，插入空白关键帧，如图 6-14 所示。选择"基本矩形"工具▢，在工具箱中将笔触颜色设为无，填充颜色设为黑色，在舞台窗口中绘制 1 个矩形，作为按钮动画应用时响应单击的区域，如图 6-15 所示。

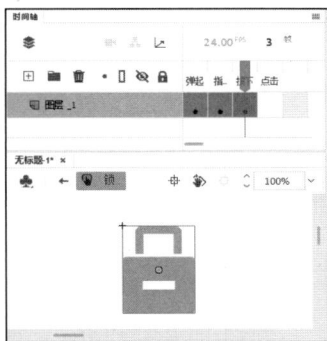

图 6-13   图 6-14   图 6-15

　　至此，按钮元件创建完成，在各关键帧上，舞台中显示的图形如图 6-16 所示。单击舞台窗口左

上方的图标 ←，可以返回场景的编辑舞台。

（a）弹起　　　　（b）指针经过　　　　（c）按下　　　　（d）点击

图 6-16

6.1.3　创建影片剪辑元件

选择"插入 > 新建元件"命令，弹出"创建新元件"对话框，在"名称"文本框中输入"字母变形"，在"类型"下拉列表中选择"影片剪辑"选项，如图 6-17 所示。

单击"确定"按钮，创建一个影片剪辑元件"字母变形"。影片剪辑元件的名称出现在舞台的左上方，舞台切换到了影片剪辑元件"字母变形"的窗口，窗口中间出现十字"＋"，它代表影片剪辑元件的中心定位点，如图 6-18 所示。在"库"面板中显示出影片剪辑元件，如图 6-19 所示。

图 6-17　　　　　　　　　　　　图 6-18　　　　　　　　　　　图 6-19

选择"文本"工具 **T**，在文本工具"属性"面板中进行设置，在舞台窗口中适当的位置输入"大小"为 200、字体为"方正水黑简体"的洋红色（#FF00FF）字母，文字效果如图 6-20 所示。选择"选择"工具 ▶，选中字母，按 Ctrl+B 组合键，将其分离，效果如图 6-21 所示。在"时间轴"面板中选中第 20 帧，按 F7 键，在该帧插入空白关键帧。

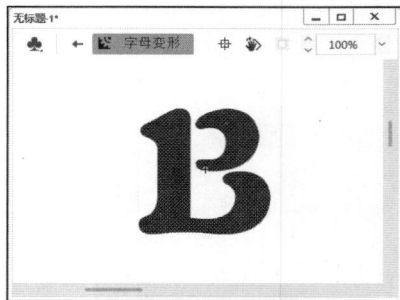

图 6-20　　　　　　　　　　　　　　　　　图 6-21

选择"文本"工具 **T**，在文本工具"属性"面板中进行设置，在舞台窗口中适当的位置输入"大小"为 200、字体为"方正水黑简体"的橘黄色（#FF6600）字母，文字效果如图 6-22 所示。选择"选择"工具 ▶，选中字母，按 Ctrl+B 组合键，将其分离，效果如图 6-23 所示。

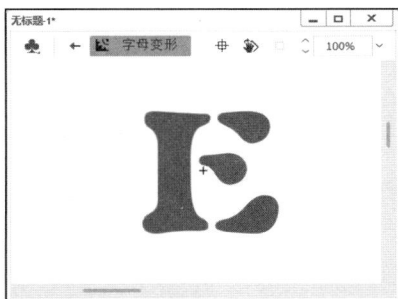

图 6-22

图 6-23

用鼠标右键单击第 1 帧，在弹出的快捷菜单中选择"创建补间形状"命令，如图 6-24 所示，生成形状补间动画，如图 6-25 所示。

图 6-24

图 6-25

至此，影片剪辑元件创建完成。在不同的关键帧上，舞台中显示出不同的变形图形，如图 6-26 所示。单击舞台左上方的图标←，可以返回场景的编辑舞台。

（a）第 1 帧　　（b）第 5 帧　　（c）第 10 帧　　（d）第 15 帧　　（e）第 20 帧

图 6-26

6.1.4　了解"库"面板的组成

选择"窗口 > 库"命令，或按 Ctrl+L 组合键，弹出"库"面板，如图 6-27 所示。

文档名称：在"库"面板的下方显示出与"库"面板相对应的文档名称。

元件数量：在文档名称的上方显示出当前"库"面板中的元件数量。

预览区域：元件数量的上方为预览区域，可以在此观察选定元件的效果。如果选定的元件为由多帧组成的动画，在预览区域的右上方会显示出两个按钮 ▣ ▶ 。

图 6-27

- ➡ "播放"按钮 ▶ ：单击此按钮，可以在预览区域里播放动画。
- ➡ "停止"按钮 ▣ ：单击此按钮，停止播放动画。

当"库"面板呈最大宽度显示时，将出现如下一些按钮。

- ➡ "名称"按钮：单击此按钮，"库"面板中的元件将按名称排序。
- ➡ "类型"按钮：单击此按钮，"库"面板中的元件将按类型排序。

▣ "使用次数"按钮：单击此按钮，"库"面板中的元件将按被引用的次数排序。

▣ "链接"按钮：与"库"面板快捷菜单中"链接"命令的设置相关联。

▣ "修改日期"按钮：单击此按钮，"库"面板中的元件将按被修改的日期进行排序。

在"库"面板的下方有如下 4 个按钮。

▣ "新建元件"按钮▣：用于创建元件。单击此按钮，弹出"创建新元件"对话框，可以通过该对话框创建新的元件。

▣ "新建文件夹"按钮▣：用于创建文件夹。我们可以分门别类地创建文件夹，将相关的元件放入其中，以方便管理。单击此按钮，在"库"面板中将生成新的文件夹，文件夹的名称可自定义。

▣ "属性"按钮▣：用于转换元件的类型。单击此按钮，弹出"元件属性"对话框，可以通过该对话框实现元件类型的相互转换。

▣ "删除"按钮▣：用于删除"库"面板中被选中的元件或文件夹。单击此按钮，所选的元件或文件夹将被删除。

任务实践——制作新年贺卡

任务学习目标

使用"新建元件"命令添加图形、按钮和影片剪辑元件。

任务知识要点

使用"导入"命令导入素材并制作图形元件，使用"变形"面板调整实例的大小，使用影片剪辑元件制作梅树摇动效果，使用按钮元件制作按钮效果。新年贺卡效果如图 6-28 所示。

图 6-28

效果所在位置

云盘/Ch06/效果/制作新年贺卡.fla。

1. 制作图形元件

（1）选择"文件 > 新建"命令，弹出"新建文档"对话框，在"详细信息"选项组中，将"宽"设为 2598，"高"设为 1240，在"平台类型"下拉列表中选择"ActionScript 3.0"选项，单击"创建"按钮，完成文档的创建。按 Ctrl+J 组合键，弹出"文档设置"对话框，将"舞台颜色"设为浅黄色（#F0D8BC），单击"确定"按钮，完成舞台颜色的修改。

（2）按 Ctrl+F8 组合键，弹出"创建新元件"对话框，在"名称"文本框中输入"梅花"，在"类型"下拉列表中选择"图形"选项，单击"确定"按钮，新建图形元件"梅花"，如图 6-29 所示。舞台窗口随之切换到图形元件的舞台窗口。

（3）选择"文件 > 导入 > 导入到舞台"命令，在弹出的"导入"对话框中，选择云盘中的"Ch06 > 素材 > 制作新年贺卡 > 03"文件，单击"打开"按钮，文件被导入舞台窗口中，如图 6-30 所示。

图 6-29　　　　　　　　　　　图 6-30

2. 制作影片剪辑元件

（1）按 Ctrl+F8 组合键，弹出"创建新元件"对话框，在"名称"文本框中输入"梅花动"，在"类型"下拉列表中选择"影片剪辑"选项，单击"确定"按钮，新建影片剪辑元件"梅花动"，如图 6-31 所示。舞台窗口随之切换到影片剪辑元件的舞台窗口。

（2）将"库"面板中的图形元件"梅花"拖曳到舞台窗口中，并放置在适当的位置，如图 6-32 所示。分别选中"图层_1"的第 10 帧、第 20 帧，按 F6 键，插入关键帧，如图 6-33 所示。

图 6-31　　　　　　图 6-32　　　　　　　　　图 6-33

（3）选中"图层_1"的第 10 帧，按 Ctrl+T 组合键，弹出"变形"面板，将"缩放宽度""缩放高度"均设为 120.0%，如图 6-34 所示，按 Enter 键确认操作，效果如图 6-35 所示。

（4）分别用鼠标右键单击"图层_1"的第 1 帧和第 10 帧，在弹出的快捷菜单中选择"创建传统补间"命令，生成传统补间动画，如图 6-36 所示。

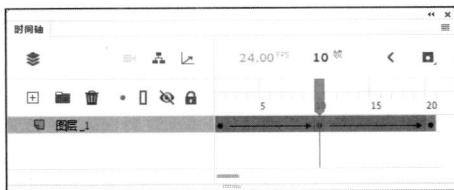

图 6-34　　　　　　图 6-35　　　　　　　　　图 6-36

3. 制作按钮元件

（1）按 Ctrl+F8 组合键，弹出"创建新元件"对话框，在"名称"文本框中输入"文字"，在"类型"下拉列表中选择"按钮"选项，单击"确定"按钮，如图 6-37 所示，新建按钮元件"文字"。舞台窗口随之切换到按钮元件的舞台窗口。

（2）选择"文件 > 导入 > 导入到舞台"命令，在弹出的"导入"对话框中，选择云盘中的"Ch06 > 素材 > 制作新年贺卡 > 02"文件，单击"打开"按钮，文件被导入舞台窗口中，如图 6-38 所示。

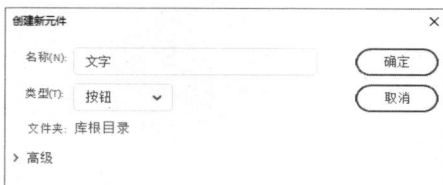

图 6-37

图 6-38

（3）选中"图层_1"的"鼠标经过"帧，按 F6 键，插入关键帧。按 Ctrl+T 组合键，弹出"变形"面板，将"缩放宽度""缩放高度"均设为 110.0%，如图 6-39 所示，按 Enter 键确认操作，效果如图 6-40 所示。

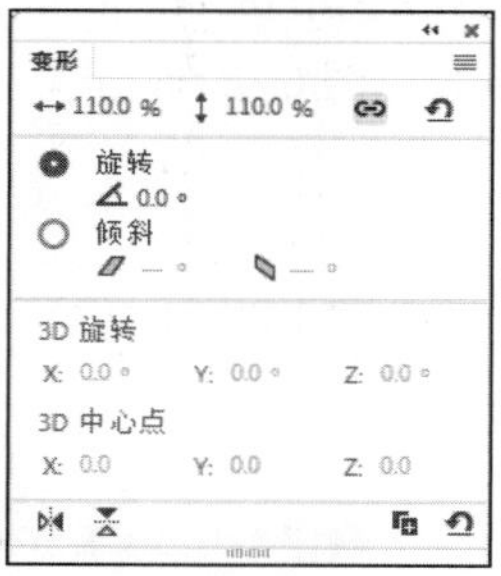

图 6-39

图 6-40

（4）选中"图层_1"的"按下"帧，按 F6 键，插入关键帧。按 Ctrl+T 组合键，弹出"变形"面板，将"缩放宽度""缩放高度"均设为 90.0%，如图 6-41 所示，按 Enter 键确认操作，效果如图 6-42 所示。

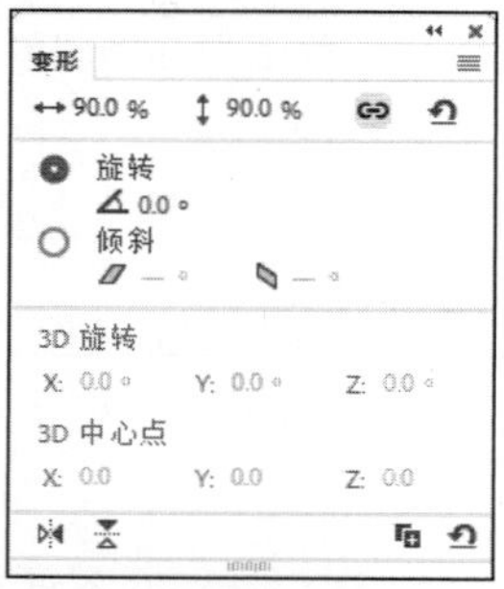

图 6-41

图 6-42

4. 制作场景画面

（1）单击舞台窗口左上方的图标 ← ，进入"场景 1"的舞台窗口。将"图层 1"重命名为

"底图"。选择"文件 > 导入 > 导入到舞台"命令，在弹出的"导入"对话框中，选择云盘中的"Ch06 > 素材 > 制作新年贺卡 > 01"文件，单击"打开"按钮，文件被导入舞台窗口中，如图 6-43 所示。

（2）在"时间轴"面板中创建新图层并将其命名为"文字"。将"库"面板中的按钮元件"文字"拖曳到舞台窗口中，并放置在适当的位置，如图 6-44 所示。

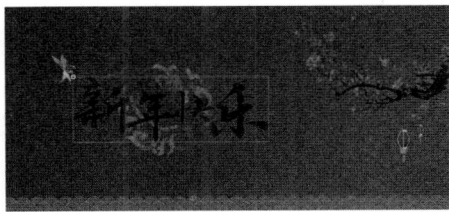

图 6-43   图 6-44

（3）在"时间轴"面板中创建新图层并将其命名为"梅花"。将"库"面板中的影片剪辑元件"梅花动"拖曳到舞台窗口中，并放置在适当的位置，如图 6-45 所示。用相同的方法将影片剪辑元件"梅花动"向舞台窗口中拖曳多次，并放置在适当的位置，如图 6-46 所示。

（4）至此，新年贺卡制作完成，效果如图 6-47 所示，按 Ctrl+Enter 组合键即可查看。

图 6-45   图 6-46   图 6-47

掌握元件的应用

实例是元件在舞台上的一次具体应用。当修改元件时，该元件的实例会随之更改。重复使用实例不会增加文件的大小，是使文件保持较小体积的一个很好的策略。每一个实例都有区别于其他实例的属性，这可以通过修改该实例"属性"面板中的相关属性来实现。

6.2.1 建立实例

1. 建立图形元件的实例

打开云盘中的"基础素材 > Ch06 > 创建元件演示"文件。选择"窗口 > 库"命令，弹出"库"面板，在该面板中选中图形元件"海星"，如图 6-48 所示。将其拖曳到场景中，场景中的图形就是图形元件"海星"的实例，如图 6-49 所示。选中该实例，图形"属性"面板"对象"选项卡如图 6-50 所示。

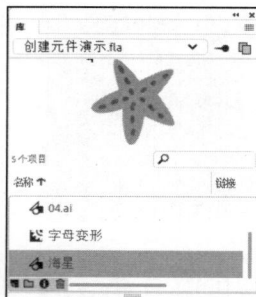

图 6-48　　　　　　图 6-49　　　　　　图 6-50

"交换元件"按钮 ⇄：用于交换元件。

"X""Y"文本框：用于设置实例在舞台中的位置。

"宽""高"文本框：用于设置实例的宽度和高度。

"色彩效果"选项组中各选项的作用如下。

"样式"选项：用于设置实例的亮度、色调和透明度。

"循环"选项组"选项"中各选项的作用如下。

　　▣　"循环播放图形"按钮 ⤴：按照当前实例占用的帧数来循环包含在该实例内的所有动画序列。

　　▣　"播放图形一次"按钮 ▶：从指定的帧开始播放动画序列，直到动画结束为止。

　　▣　"图形播放单个帧"按钮 ⊞：显示动画序列的一帧。

　　▣　"第一"文本框：用于指定动画从哪一帧开始播放。

　　▣　"帧选择器"按钮：单击该按钮，在弹出的面板中可以直观地预览并选择图形元件的第一帧。

　　▣　"嘴形同步"按钮：单击该按钮，自动按嘴形同步所选音频层，在时间轴上更轻松、快速地放置合适的嘴形。

2. **建立按钮元件的实例**

在"库"面板中选择按钮元件"锁"，如图 6-51 所示，将其拖曳到场景中，场景中的图形就是按钮元件"锁"的实例，如图 6-52 所示。

图 6-51

图 6-52

选中该实例，按钮"属性"面板"对象"选项卡如图 6-53 所示。

"实例名称"文本框：可以在该文本框中为实例设置一个新的名称。

"混合"选项组中的各选项的作用如下。

"隐藏对象"复选框：勾选此复选框实例将隐藏处理。

"混合"下拉列表：此下拉列表中的各种样式设置，决定了当前实例与其下面的图形以何种模式进行混合。

"呈现"下拉列表：此下拉列表用于设置实例的呈现方式。

"字距调整"选项组中的各选项的作用如下。

"音轨作为按钮"选项：选择此选项，在动画运行时，当按钮元件被按下时画面上的其他对象不再响应鼠标操作。

"音轨作为菜单项"选项：选择此选项，在动画运行时，当按钮元件被按下时其他对象还会响应鼠标操作。

"滤镜"选项：可以为元件添加滤镜效果，并可以编辑所添加的滤镜效果。

图 6-53

按钮元件的实例的"属性"面板中的其他选项与图形元件的实例的"属性"面板中的选项作用相同，不再一一讲述。

3. 建立影片剪辑元件的实例

在"库"面板中选择影片剪辑元件"字母变形"，如图 6-54 所示，将其拖曳到场景中，场景中的图形就是影片剪辑元件"字母变形"的实例，如图 6-55 所示。

选中该实例，影片剪辑"属性"面板"对象"选项卡如图 6-56 所示。

图 6-54 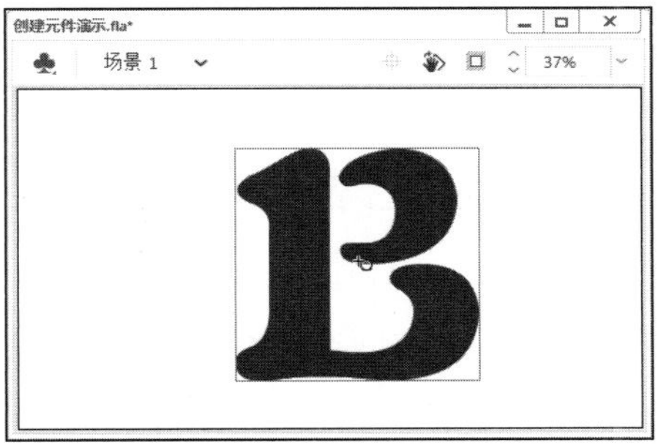   图 6-55   图 6-56

影片剪辑"属性"面板中的选项与图形"属性"面板、按钮"属性"面板中的选项作用相同，不再一一介绍。

6.2.2 改变实例的颜色和透明度

每个实例都有自己的颜色和透明度，要修改它们，可先在舞台中选择实例，然后修改"属性"面板中的相关属性。

在舞台中选中实例，在"属性"面板中选择样式下拉列表，如图 6-57 所示。

"无"选项：表示对当前实例不进行任何更改。如果对实例以前做的变化效果不满意，可以选择此选项，取消实例的变化效果，再重新设置新的变化效果。

"亮度"选项：用于调整实例的明暗对比度。可以在亮度数量选项中直接输入数值，也可以拖动右侧的滑块来设置数值，如图 6-58 所示。其默认的数值为 0，取值范围为 -100 ~ 100。当取值大于 0 时，实例变亮；当取值小于 0 时，实例变暗。

图 6-57　　　　　　　　　　　图 6-58

"色调"选项：用于为实例增加颜色。可以单击"样式"选项右侧的"着色"按钮，在弹出的色板中选择要应用的颜色。在"色调"选项右侧的着色量文本框中输入数值（数值范围为 0 ~ 100），如图 6-59 所示。当数值为 0 时，实例颜色将不受影响；当数值为 100 时，实例颜色将完全被所选颜色取代。也可以在"红色""绿色""蓝色"文本框中输入数值来设置颜色。

"高级"选项：用于设置实例的颜色和透明效果，可以分别调节"Alpha""红""绿""蓝"的值。

"Alpha"选项：用于设置实例的透明效果，如图 6-60 所示。输入的数值范围为 0 ~ 100。数值为 0 时，实例不透明；数值为 100 时，实例不变。

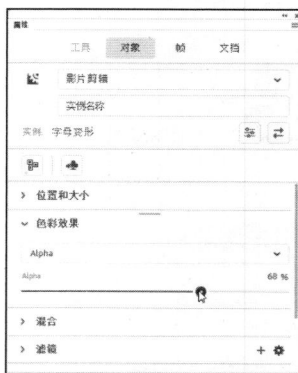

图 6-59　　　　　　　　　　　图 6-60

6.2.3　分离实例

不能像修改一般图形一样单独修改实例的填充颜色或线条，如果要对实例进行这些修改，必须将实例分离成图形，断开实例与元件之间的链接。在 Animate 中可以使用分离命令分离实例，在分离实例之后修改元件并不会更新与该元件已分离的实例。

选中实例，如图 6-61 所示，选择"修改 > 分离"命令，或按 Ctrl+B 组合键，将实例分离为图形，即填充颜色和线条的组合，如图 6-62 所示。选择"颜料桶"工具 ，改变图形的填充颜色，如图 6-63 所示。

图 6-61　　　　　　　　　　图 6-62　　　　　　　　　　图 6-63

任务实践——绘制端午节卡通形象

任务学习目标

使用元件"属性"面板改变元件的属性。

任务知识要点

使用"打开"命令打开素材文件，使用"属性"面板调整元件的色调。端午节卡通形象效果如图 6-64 所示。

微课

绘制端午节卡通形象

效果所在位置

云盘/Ch06/效果/绘制端午节卡通形象. fla。

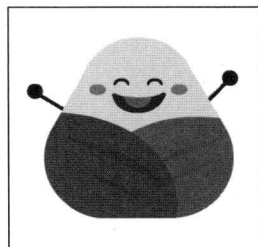

图 6-64

（1）按 Ctrl+O 组合键，在弹出的"打开"对话框中，选择云盘中的"Ch06 > 素材 > 绘制端午节卡通形象 > 01"文件，如图 6-65 所示，单击"打开"按钮，打开的文件如图 6-66 所示。

图 6-65

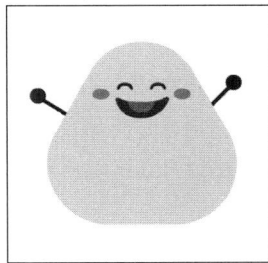

图 6-66

（2）在"时间轴"面板中创建新图层并将其命名为"粽叶右"。将"库"面板中的图形元件"粽叶右"拖曳到舞台窗口中，并放置在适当的位置，如图 6-67 所示。在"属性"面板"对象"选项卡中，选择"色彩效果"选项组，在样式下拉列表中选择"色调"选项，将着色设为绿色（#1D895A），着色量设为 100，如图 6-68 所示。舞台窗口中的效果如图 6-69 所示。

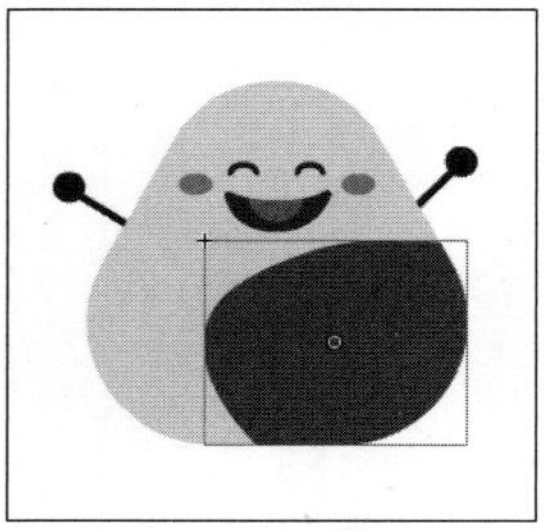

图 6-67

图 6-68

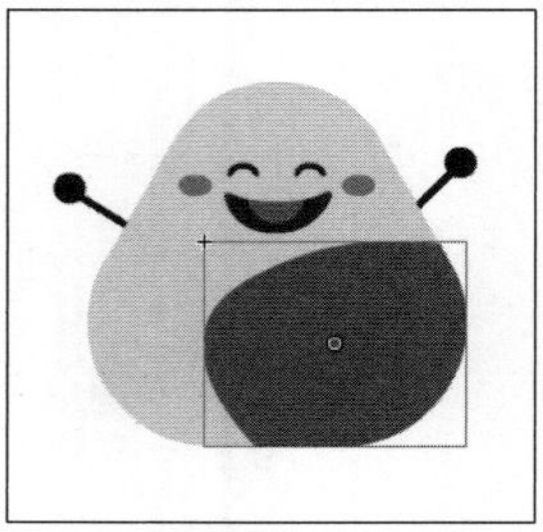

图 6-69

（3）将"库"面板中的图形元件"粽叶右饰"拖曳到舞台窗口中，并放置在适当的位置，如图 6-70 所示。在"属性"面板"对象"选项卡中，选择"色彩效果"选项组，在样式下拉列表中选择"色调"选项，将着色设为绿色（#187E52），着色量设为 100，如图 6-71 所示。舞台窗口中的效果如图 6-72 所示。

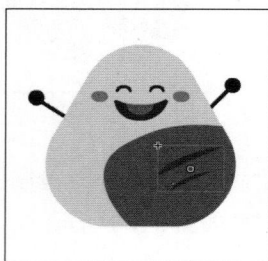

图 6-70

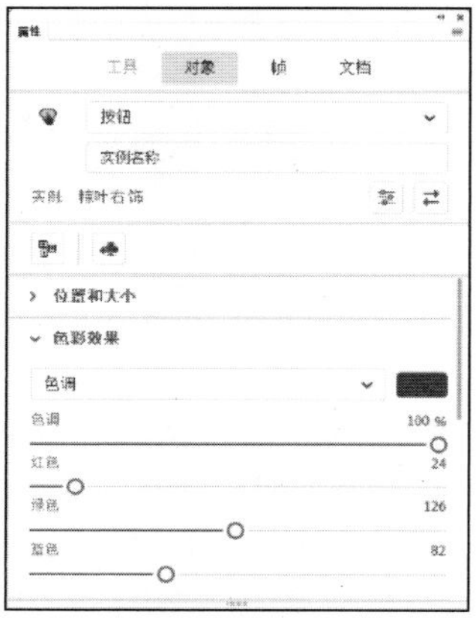

图 6-71

图 6-72

（4）在"时间轴"面板中创建新图层并将其命名为"粽叶左"。将"库"面板中的图形元件"粽叶左"拖曳到舞台窗口中，并放置在适当的位置，如图 6-73 所示。将"库"面板中的图形元件"粽叶左饰"拖曳到舞台窗口中，并放置在适当的位置，如图 6-74 所示。至此，端午节卡通形象绘制完成，按 Ctrl+Enter 组合键即可查看效果。

图 6-73

图 6-74

项目实践 ——绘制乡村风景插画

实践知识要点

使用钢笔工具、"颜色"面板和"新建元件"命令完成乡村风景插画的绘制。乡村风景插画效果如图 6-75 所示。

图 6-75

微课

绘制乡村风景
插画

效果所在位置

云盘/Ch06/效果/绘制乡村风景插画. fla。

课后习题 ——制作加载条动画

习题知识要点

使用矩形工具绘制矩形块，使用"创建补间形状"命令制作形状动画，使用"新建元件"命令制作影片剪辑元件。加载条动画效果如图 6-76 所示。

图 6-76

微课

制作加载条动画

效果所在位置

云盘/Ch06/效果/制作加载条动画. fla。

07

项目 7
制作基本动画

项目导入

  在使用 Animate 2020 制作动画的过程中，时间轴和帧起到了关键性的作用。本项目主要讲解动画中帧和时间轴的使用方法及应用技巧、基础动画的创建方法。通过学习本项目的内容，学生可以了解并掌握如何灵活地应用帧和时间轴，根据设计需要制作出丰富多彩的动画效果。

项目目标

- ✔ 掌握逐帧动画的创建方法。
- ✔ 掌握形状补间动画的创建方法。
- ✔ 掌握传统补间动画的创建方法。
- ✔ 掌握骨骼动画的创建方法。
- ✔ 掌握镜头动画的创建方法。
- ✔ 掌握测试动画的方法。

技能目标

- ✔ 能够制作动态文化海报。
- ✔ 能够制作饰品类公众号封面首图。

素养目标

- ✔ 培养时间掌控能力。
- ✔ 提高动画审美水平。

任务 7.1　熟悉帧的基本概念

在 Animate 中，形成动画的一系列单幅的画面叫作帧，它是 Animate 动画中最小时间单位里出现的画面。每秒显示的帧数叫作帧率，如果帧率太慢就会使人在视觉上感到不流畅。所以，按照人眼的特点，一般将动画的帧率设为 24 帧/s。

在 Animate 中，动画制作的过程是决定动画每一帧显示什么内容的过程。用户可以像制作传统动画一样自己绘制动画的每一帧，即制作逐帧动画。

除了起始帧和结束帧，Animate 动画中还有关键帧、过渡帧、空白关键帧。

关键帧用于描绘动画的起始帧和结束帧。当动画内容发生变化时必须插入关键帧，即使制作的是逐帧动画也要为每个画面创建关键帧。关键帧有延续性，起始关键帧中的对象会延续到结束关键帧。

过渡帧是动画起始、结束关键帧之间系统自动生成的帧。

空白关键帧是不包含任何对象的关键帧。因为 Animate 只支持在关键帧中绘制或插入对象，所以当动画内容发生变化而又不希望延续前面关键帧的内容时需要插入空白关键帧。

任务 7.2　了解帧的显示形式

在 Animate 中，帧包括多种显示形式。

➡️　空白关键帧：在时间轴中，灰色背景带有黑圈的帧。空白关键帧对应的舞台中没有任何内容，如图 7-1 所示。

➡️　关键帧：在时间轴中，深灰色背景带有黑色圆点的帧。关键帧对应的场景中存在一个关键帧，在关键帧相对应的舞台中存在一些内容，如图 7-2 所示。

在时间轴中，存在多个帧。带有黑色圆点的第 1 帧为关键帧，带有黑边矩形框的最后 1 帧为普通帧。除了第 1 帧以外，其他帧均为普通帧，如图 7-3 所示。

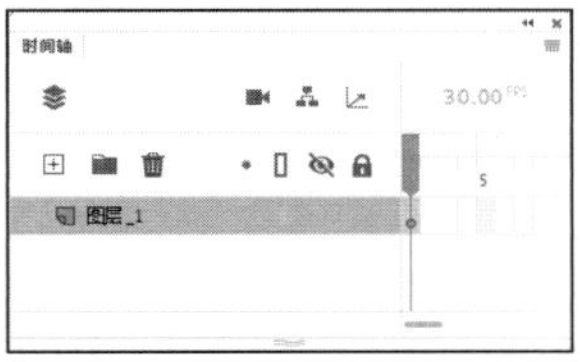

| 图 7-1 | 图 7-2 | 图 7-3 |

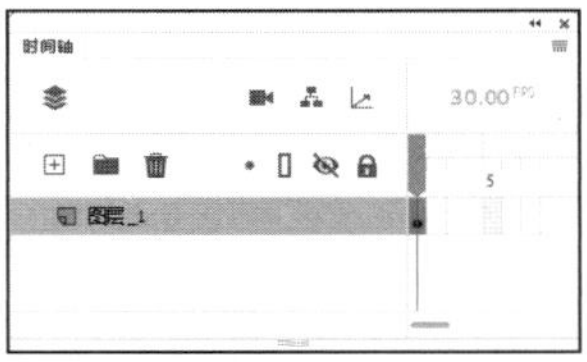

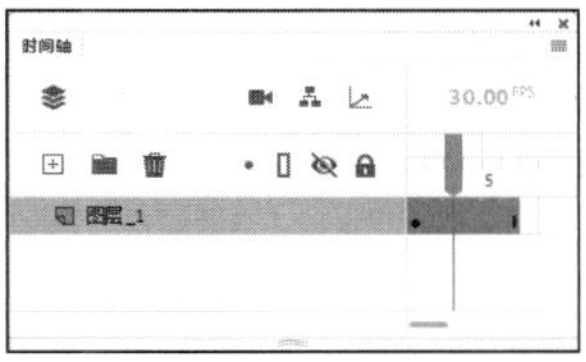

➡️　传统补间帧：在时间轴中，带有黑色圆点的第 1 帧和最后 1 帧为关键帧，中间紫色背景带有黑色箭头的帧为传统补间帧，如图 7-4 所示。

➡️　补间形状帧：在时间轴中，带有黑色圆点的第 1 帧和最后 1 帧为关键帧，中间浅咖色背景带有黑色箭头的帧为补间形状帧，如图 7-5 所示。在时间轴中，帧上出现虚线，表示是未完成或中断了的补间动画，虚线表示不能够生成补间帧，如图 7-6 所示。

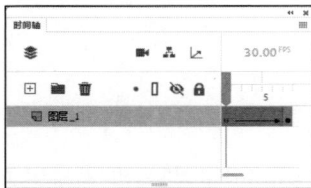
图 7-4

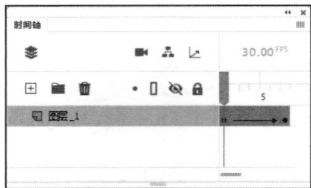
图 7-5

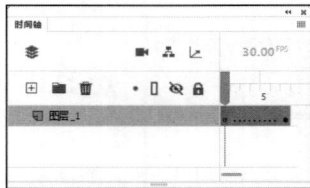
图 7-6

▶ 包含动作语句的帧：在时间轴中，第 1 帧上出现一个字母"a"，表示这 1 帧中包含使用动作面板设置的动作语句，如图 7-7 所示。

在时间轴中，第 1 帧上出现一个红旗，表示这一帧的标签类型是名称。红旗右侧的"mc"是帧名称，如图 7-8 所示。

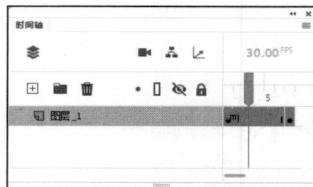

图 7-7   图 7-8

在时间轴中，第 1 帧上出现两条绿色斜线，表示这一帧的标签类型是注释，如图 7-9 所示。帧注释是对帧的解释，帮助理解该帧在影片中的作用。

在时间轴中，第 1 帧上出现一个金色的锚，表示这一帧的标签类型是锚记，如图 7-10 所示。帧锚记表示该帧是一个定位，方便浏览者在浏览器中快进、快退。

图 7-9   图 7-10

任务 7.3　掌握时间轴的使用方法

要将一个个静止的画面按照某种顺序快速地、连续地播放，需要用时间轴来为它们安排好播放时间和顺序。

7.3.1　认识"时间轴"面板

"时间轴"面板是实现动画效果最基本的面板，如图 7-11 所示。

显示或隐藏所示图层 ◉：单击此图标，可以隐藏或显示图层中的内容。

锁定或解除锁定所有图层 🔒：单击此图标，可以锁定或解锁图层。

将所有图层显示为轮廓 ▢：单击此图标，可以将图层中的内容以线框的方式显示。

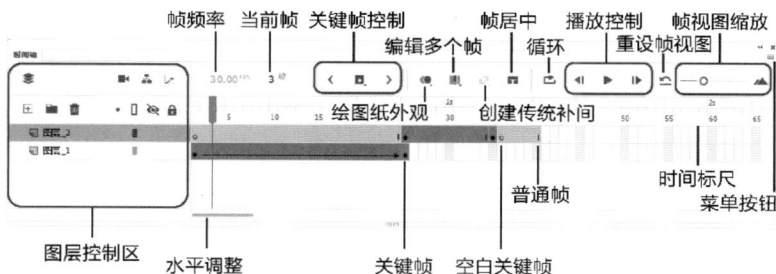

图 7-11

突出显示图层 • ：单击此图标，可以将选中的图层突出显示。

"新建图层"按钮 ⊞：用于创建图层。

"新建文件夹"按钮 ■：用于创建图层文件夹。

"删除"按钮 🗑：用于删除无用的图层。

"添加摄像头"按钮 ■◀：用于创建摄像头图层。

"显示父级视图"按钮 ♣：用于显示父级关系。

"调用图层深度面板"按钮 ⊾：单击此按钮，可以调出图层深度面板。

7.3.2　了解绘图纸（洋葱皮）功能

"帧居中"按钮 ■：单击此按钮，播放头所在帧会显示在时间轴的中间位置。

"循环"按钮 ☒：单击此按钮，在标记范围内的帧将以循环播放的方式显示在舞台上。

"绘图纸外观"按钮 ●：单击此按钮，时间标尺上出现绘图纸的标记显示，如图 7-12 所示，在标记范围内的帧上的对象将同时显示在舞台中，如图 7-13 所示。可以用鼠标拖曳标记点来增加显示的帧数，如图 7-14 所示。

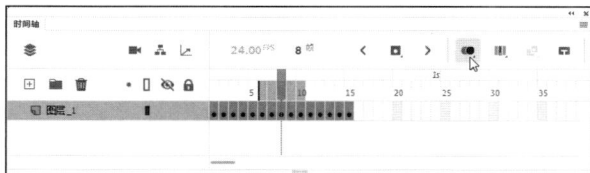

图 7-12

图 7-13

图 7-14

单击"绘图纸外观"按钮 ● 不放，弹出下拉菜单，如图 7-15 所示，其中各命令的作用如下。

"选定范围"命令：选择此命令，在时间轴标尺上总是显示出绘图纸标记。

"所有帧"命令：选择此命令，绘图纸标记显示范围为时间轴中的所有帧，如图 7-16 所示，图形显示效果如图 7-17 所示。

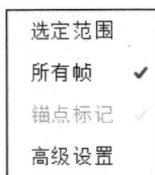

图 7-15　　　　　　　　　　　　图 7-16　　　　　　　　　　　　图 7-17

"锚定标记"命令：选择此命令，将锁定绘图纸标记的显示范围，移动播放头将不会改变显示范围，如图 7-18 所示。

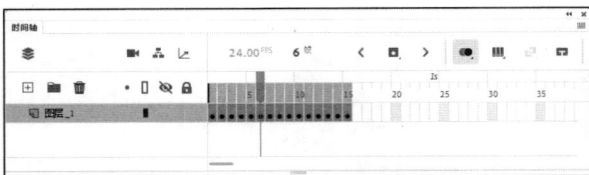

图 7-18

"高级设置"命令：选择此命令，可以自定义绘图纸范围。

7.3.3　在"时间轴"面板中设置帧

在"时间轴"面板中，可以对帧进行一系列的操作。下面进行具体的讲解。

1. 插入帧

（1）应用命令插入帧

选择"插入 > 时间轴 > 帧"命令，或按 F5 键，可以在时间轴上插入一个普通帧。

选择"插入 > 时间轴 > 关键帧"命令，或按 F6 键，可以在时间轴上插入一个关键帧。

选择"插入 > 时间轴 > 空白关键帧"命令，或按 F7 键，可以在时间轴上插入一个空白关键帧。

（2）应用快捷菜单插入帧

在时间轴上要插入帧的地方单击鼠标右键，在弹出的快捷菜单中选择要插入帧的类型。

2. 选择帧

选择"编辑 > 时间轴 > 选择所有帧"命令，或按 Ctrl+Alt+A 组合键，选中时间轴中的所有帧。

单击要选的帧，帧变为蓝色。

用鼠标选中要选择的帧，再向前或向后进行拖曳，鼠标指针经过的帧全部被选中。

按住 Ctrl 键的同时，单击要选择的帧，可以选择多个不连续的帧。

按住 Shift 键的同时，单击要选择的两帧，这两帧中间的所有帧都被选中。

3. 移动帧

选中一个或多个帧，按住鼠标左键不放，拖曳所选帧到目标位置。在拖曳过程中，如果按住 Alt 键，会为目标位置复制并粘贴所选的帧。

选中一个或多个帧，选择"编辑 > 时间轴 > 剪切帧"命令，或按 Ctrl+Alt+X 组合键，剪切所选的帧，选中目标位置，选择"编辑 > 时间轴 > 粘贴帧"命令，或按 Ctrl+Alt+V 组合键，则会在目标位置上粘贴所选的帧。

4. 删除帧

可以用鼠标右键单击要删除的帧，在弹出的快捷菜单中选择"清除帧"命令。还可以选中要删除的普通帧，按 Shift+F5 组合键，删除帧；选中要删除的关键帧，按 Shift+F6 组合键，删除关键帧。

> **提示**
>
> 在 Animate 2020 系统默认状态下，"时间轴"面板中每一图层的第一帧都被设置为关键帧，后面插入的帧将拥有第一帧中的所有内容。

任务 7.4 掌握逐帧动画的创建方法

逐帧动画的创建方法类似于传统动画的创建。逐帧动画的每一个帧都是关键帧，整个动画是通过关键帧的不断变化产生的，不依靠 Animate 的运算，设计者需要绘制每一个帧中的对象，每一个帧都是独立的，在画面上可以是互不相关的。具体操作步骤如下。

新建空白文档，选择"文本"工具 **T**，在第 1 帧的舞台中输入"百"字，如图 7-19 所示。

按 F6 键，在第 2 帧上插入关键帧，如图 7-20 所示。在第 2 帧的舞台中输入"花"字，如图 7-21 所示。

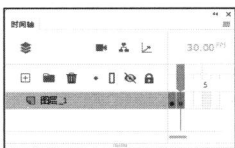

图 7-19 图 7-20 图 7-21

用相同的方法在第 3 帧上插入关键帧，在舞台中输入"齐"字，如图 7-22 所示。在第 4 帧上插入关键帧，在舞台中输入"放"字，如图 7-23 所示。

图 7-22 图 7-23

按 Enter 键即可播放动画，查看制作效果。

还可以通过从外部导入图像序列来实现逐帧动画的效果。

选择"文件 > 导入 > 导入到舞台"命令，弹出"导入"对话框，在该对话框中选择云盘中的"基础素材 > Ch07 > 逐帧动画 > 01"文件，单击"打开"按钮，弹出提示对话框，该提示对话框询问是否导入序列中的所有图像，如图 7-24 所示。

单击"是"按钮，将图像序列导入舞台中，如图 7-25 所示。按 Enter 键即可播放动画，查看制作效果。

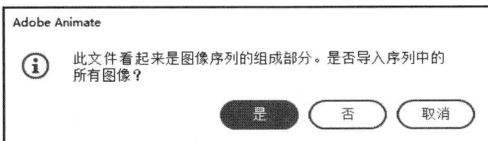
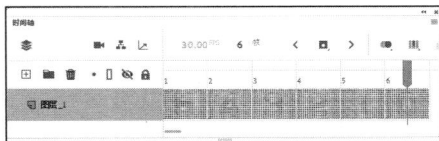

图 7-24 图 7-25

任务实践——制作逐帧动画效果

任务学习目标

使用"时间轴"面板制作逐帧动画效果。

任务知识要点

使用"导入到舞台"命令导入图像序列，使用"时间轴"面板制作逐帧动画。逐帧动画效果如图 7-26 所示。

图 7-26

微课

制作逐帧动画效果

效果所在位置

云盘/Ch07/效果/制作逐帧动画效果. fla。

（1）选择"文件 > 新建"命令，弹出"新建文档"对话框，在"详细信息"选项组中，将"宽"设为 750，"高"设为 1624，在"平台类型"下拉列表中选择"ActionScript 3.0"选项，单击"创建"按钮，完成文档的创建。

（2）按 Ctrl+F8 组合键，弹出"创建新元件"对话框，在"名称"文本框中输入"卡通石榴"，在"类型"下拉列表中选择"影片剪辑"选项，如图 7-27 所示，单击"确定"按钮，新建影片剪辑元件"卡通石榴"，如图 7-28 所示。舞台窗口随之切换到影片剪辑元件的舞台窗口。

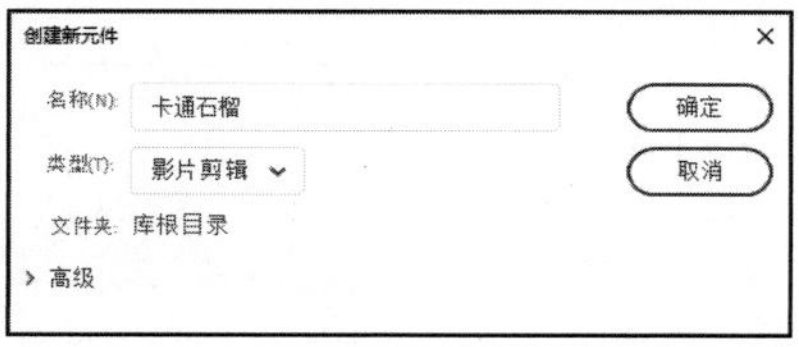

图 7-27

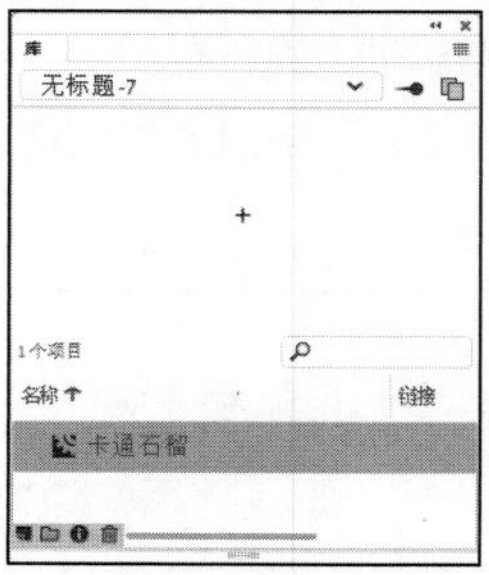

图 7-28

（3）选择"文件 > 导入 > 导入到舞台"命令，在弹出的"导入"对话框中，选择云盘中的"Ch07 > 素材 > 制作逐帧动画效果 > 01"文件，单击"打开"按钮，弹出提示对话框，如图 7-29 所示，询问是否导入序列中的所有图像，单击"是"按钮，图像序列被导入舞台窗口中，效果如图 7-30 所示。

图 7-29

图 7-30

（4）单击舞台窗口左上方的图标 ←，进入"场景 1"的舞台窗口。将"图层_1"重命名为"底图"。选择"文件 > 导入 > 导入到舞台"命令，在弹出的"导入"对话框中，选择云盘中的"Ch07 > 素材 > 制作逐帧动画效果 > 15"文件，单击"打开"按钮，图片被导入舞台窗口中，如图 7-31 所示。

（5）在"时间轴"面板中创建新图层并将其命名为"卡通"。将"库"面板中的影片剪辑元件"卡通石榴"拖曳到舞台窗口中，并放置在与舞台窗口中心重叠的位置，如图 7-32 所示。至此，逐帧动画制作完成，效果如图 7-33 所示，按 Ctrl+Enter 组合键即可查看。

图 7-31

图 7-32

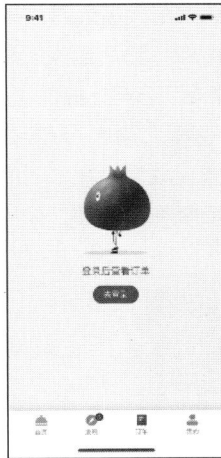

图 7-33

任务 7.5 掌握形状补间动画的创建方法

形状补间动画是使图形形状发生变化的动画。形状补间动画所处理的对象必须是舞台上的图形，如果舞台上的对象是组件实例、图形的组合、文字、导入的素材对象，则必须选择"修改 > 分离"或"修改 > 取消组合"命令，将其分离成图形。利用这种动画，可以改变上述对象的大小、位置、旋转、颜色及透明度等，还可以实现将一种形状变换成另一种形状的效果。

选择"文件 > 导入 > 导入到舞台"命令，弹出"导入"对话框，在该对话框中选择云盘中的"基础素材 > Ch07 > 02"文件，单击"打开"按钮，文件被导入舞台的第 1 帧。多次按 Ctrl+B 组合键，将其分离，效果如图 7-34 所示。

用鼠标右键单击"时间轴"面板中的第 10 帧，在弹出的快捷菜单中选择"插入空白关键帧"命令，在第 10 帧上插入一个空白关键帧，如图 7-35 所示。

图 7-34

图 7-35

选择"文件 > 导入 > 导入到库"命令，弹出"导入到库"对话框，在该对话框中选择云盘中的"基础素材 > Ch07 > 03"文件，单击"打开"按钮，文件被导入"库"面板，将"库"面板中的图形元件"03"拖曳到舞台窗口中，多次按 Ctrl+B 组合键，将其分离，效果如图 7-36 所示。

用鼠标右键单击"时间轴"面板中的第 1 帧，在弹出的快捷菜单中选择"创建补间形状"命令，如图 7-37 所示，生成形状补间动画。

在创建形状补间动画后，"属性"面板中出现如下 2 个新的选项。

"缓动"选项：用于设定变形动画从开始到结束的变形速度。其取值范围为-100 ~ 100。当选择正数时，变形速度递减，即开始时速度快，随后速度逐渐减慢；当选择负数时，变形速度递增，即开始时速度慢，随后速度逐渐加快。

"混合"选项：提供了"分布式"和"角形"2 个选项。选择"分布式"选项可以使变形的中间形状趋于平滑。选择"角形"选项则可以创建包含角度和直线的中间形状。

设置完成后，在"时间轴"面板中，第 1 帧到第 10 帧之间出现浅咖色的背景和黑色的箭头，表示生成形状补间动画，如图 7-38 所示。按 Enter 键即可播放动画，查看制作效果。

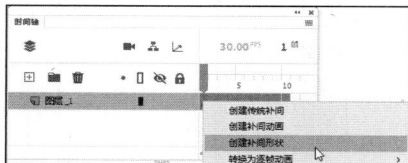
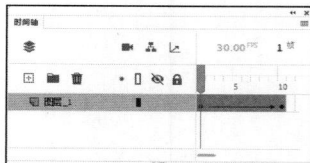

图 7-36　　　　　　　　　图 7-37　　　　　　　　　图 7-38

在变形过程中，每一帧上的图形都会发生不同的变化，如图 7-39 所示。

（a）第 1 帧　　（b）第 3 帧　　（c）第 6 帧　　（d）第 8 帧　　（e）第 10 帧

图 7-39

任务实践——制作动态文化海报

任务学习目标

使用"创建补间形状"命令制作形状演变动画。

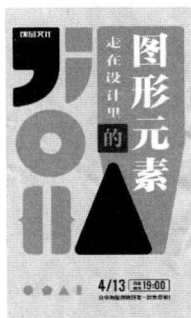

🔒 任务知识要点

使用椭圆工具、矩形工具和"创建补间形状"命令制作形状演变效果，使用"时间轴"面板控制每个图层的出场顺序。动态文化海报效果如图 7-40 所示。

◉ 效果所在位置

云盘/Ch07/效果/制作动态文化海报.fla。

（1）选择"文件 > 打开"命令，在弹出的"打开"对话框中，选择云盘中的"Ch07 > 素材 > 制作动态文化海报 > 01"文件，单击"打开"按钮，打开文件。

（2）选择"文件 > 导入 > 导入到库"命令，在弹出的"导入到库"对话框中，选择云盘中的"Ch07 > 素材 > 制作动态文化海报 > 02~05"文件，单击"打开"按钮，文件被导入"库"面板中，如图 7-41 所示。

（3）在"时间轴"面板中创建新图层并将其命名为"动画 9"。选中"动画 9"图层的第 10 帧，按 F6 键，插入关键帧。将"库"面板中的图形元件"02"拖曳到舞台窗口中，并放置在适当的位置，如图 7-42 所示。

（4）保持实例的选取状态，按 Ctrl+B 组合键，将其分离，效果如图 7-43 所示。选中"动画 9"图层的第 19 帧，按 F7 键，插入空白关键帧。将"库"面板中的图形元件"0.3"拖曳到舞台窗口中，并放置在与图形元件"02"重叠的位置，如图 7-44 所示。

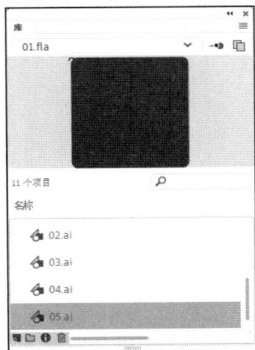

图 7-41

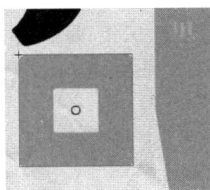

图 7-42

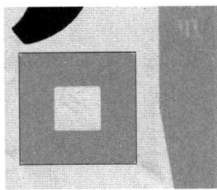

图 7-43

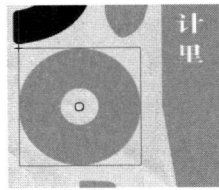

图 7-44

（5）保持实例的选取状态，按 Ctrl+B 组合键，将其分离，效果如图 7-45 所示。用鼠标右键单击"动画 9"图层的第 10 帧，在弹出的快捷菜单中选择"创建补间形状"命令，生成形状补间动画，如图 7-46 所示。

图 7-45

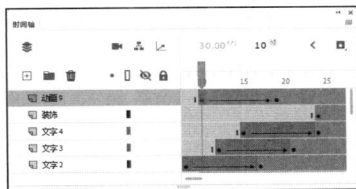

图 7-46

（6）在"时间轴"面板中创建新图层并将其命名为"动画10"。选中"动画10"图层的第12帧，按F6键，插入关键帧。将"库"面板中的图形元件"04"拖曳到舞台窗口中，并放置在适当的位置，如图7-47所示。

（7）保持实例的选取状态，按Ctrl+B组合键，将其分离，效果如图7-48所示。选中"动画10"图层的第21帧，按F7键，插入空白关键帧。将"库"面板中的图形元件"05"拖曳到舞台窗口中，并放置在与图形元件"02"重叠的位置，如图7-49所示。

图7-47　　　　　　　　　　图7-48　　　　　　　　　　图7-49

（8）在"时间轴"面板中，按住Shift键的同时，选中"动画9"图层和"动画10"图层，如图7-50所示。将选中的图层拖曳到"动画8"图层的上方，如图7-51所示。至此，动态文化海报制作完成，按Ctrl+Enter组合键即可查看效果。

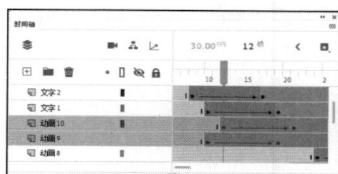

图7-50　　　　　　　　　　　　　　　图7-51

任务 7.6 　掌握传统补间动画的创建方法

可以通过以下方法来创建传统补间动画：首先在起始关键帧中为实例、组合对象或文本定义属性，然后在后续关键帧中更改对象的属性。在Animate中可以在关键帧之间的帧中创建从第一个关键帧到下一个关键帧的动画。

7.6.1　创建补间动画

补间动画是一种使用元件的动画，可以对元件进行位移、大小、旋转、透明度和颜色等动画设置。

打开云盘中的"基础素材 > Ch07 > 04"文件，如图7-52所示。在"时间轴"面板中创建新图层并将其命名为"飞机"，如图7-53所示。将"库"面板中的图形元件"飞机"拖曳到舞台窗口中，并放置在适当的位置，如图7-54所示。

图7-52　　　　　　　　　　图7-53　　　　　　　　　　图7-54

分别选中"底图"图层和"飞机"图层的第 40 帧，按 F5 键，插入普通帧。用鼠标右键单击"飞机"图层的第 1 帧，在弹出的快捷菜单中选择"创建补间动画"命令，如图 7-55 所示。

如图 7-56 所示，补单动画创建完成后补间范围以黄色背景显示，而且只有第 1 帧为关键帧，其余帧均为普通帧。

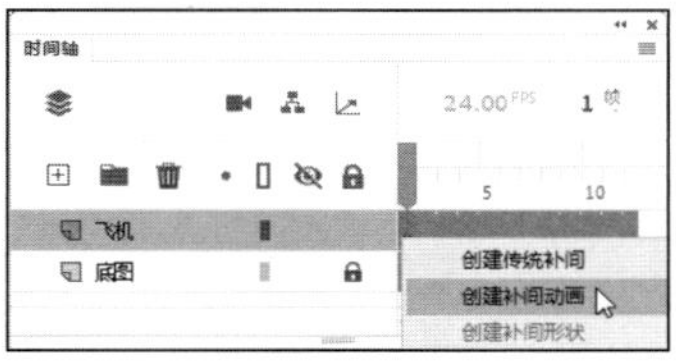

图 7-55 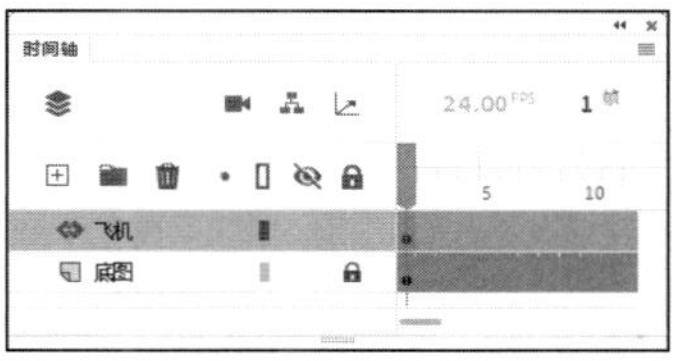   图 7-56

在创建补间动画后，"属性"面板中出现多个新的选项，如图 7-57 所示。

"缓动"文本框：用于设定动作补间动画从开始到结束时的运动速度。其取值范围为-100 ~ 100。当选择正数时，运动速度递减，即开始时速度快，随后速度逐渐减慢；当选择负数时，运动速度递增，即开始时速度慢，随后速度逐渐加快。

"旋转"下拉列表：用于设置对象在运动过程中的旋转样式和次数。

"调整到路径"复选框：勾选此复选框，可以按照运动轨迹曲线改变变化的方向。

"路径"选项组：用于设置运动轨迹。

"同步元件"复选框：勾选此复选框，如果对象是一个包含动画效果的图形组件实例，其动画和主时间轴同步。

选中"飞机"图层的第 40 帧，在舞台窗口中将"飞机"实例拖曳到适当的位置，如图 7-58 所示。此时在第 40 帧上会自动产生一个属性关键帧，并在舞台窗口中显示运动轨迹。

图 7-57

选择"选择"工具 ▶，将鼠标指针放置在运动轨迹上，鼠标指针变为 ▶⌐，如图 7-59 所示，单击并按住鼠标左键不放，拖曳鼠标即可更改运动轨迹，效果如图 7-60 所示。

图 7-58

图 7-59

图 7-60

至此，完成补间动画的制作。按 Enter 键，让播放头进行播放，即可查看制作效果。

7.6.2　创建传统补间动画

新建空白文档，选择"文件 > 导入 > 导入到库"命令，弹出"导入到库"对话框，在该对话框中选择云盘中的"基础素材 > Ch07 > 05"文件，单击"打开"按钮，弹出"将'0.5'导入到库"对话框，所有选项为默认值，单击"导入"按钮，文件被导入"库"面板中，如图 7-61 所示，将"库"

面板中的图形元件"05.ai"拖曳到舞台的左侧，如图 7-62 所示。

用鼠标右键单击"时间轴"面板中的第 10 帧，在弹出的快捷菜单中选择"插入关键帧"命令，在第 10 帧上插入一个关键帧。在舞台窗口中将"05.ai"实例拖曳到舞台的右侧，如图 7-63 所示。

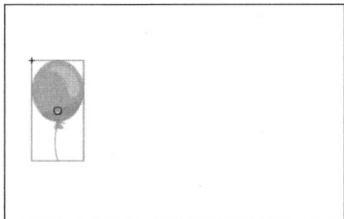

图 7-61　　　　　　　　　图 7-62　　　　　　　　　图 7-63

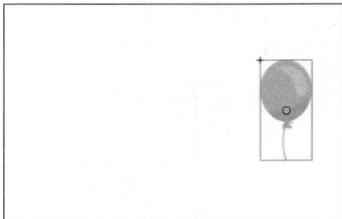

在"时间轴"面板中，用鼠标右键单击第 1 帧，在弹出的快捷菜单中选择"创建传统补间"命令。创建传统补间动画后，"属性"面板中出现多个新的选项。

"缓动"文本框：用于设定动作补间动画从开始到结束的运动速度。其取值范围为-100~100。当选择正数时，运动速度递减，即开始时速度快，随后速度逐渐减慢；当选择负数时，运动速度递增，即开始时速度慢，随后速度逐渐加快。

"旋转"下拉列表：用于设置对象在运动过程中的旋转样式和次数。其中包含 4 种样式，"无"表示在运动过程中不允许对象旋转；"自动"表示对象按快捷的路径进行旋转变化；"顺时针"表示对象在运动过程中按顺时针的方向进行旋转，可以在右边的"旋转数"选项中设置旋转的次数；"逆时针"表示对象在运动过程中按逆时针的方向进行旋转，可以在右边的"旋转数"选项中设置旋转的次数。

"贴紧"复选框：勾选此复选框，如果使用运动引导动画，则根据对象的中心点将其吸附到运动路径上。

"调整到路径"复选框：勾选此复选框，在运动引导动画（详见第 8 章）过程中，对象可以根据引导路径的曲线改变变化的方向。

"沿路径着色"复选框：勾选此复选框，在运动引导动画过程中，对象可以根据引导路径的曲线的颜色自动为对象着色。

"沿路径缩放"复选框：勾选此复选框，对象在动画过程中可以改变比例。

"同步元件"复选框：勾选此复选框，如果对象是一个包含动画效果的图形组件实例，其动画和主时间轴同步。

"缩放"复选框：勾选此复选框，对象在动画过程中可以改变比例。

在"时间轴"面板中，第 1 帧和第 10 帧之间出现紫色背景和黑色箭头，表示生成传统补间动画，如图 7-64 所示。至此，完成传统补间动画的制作，按 Enter 键即可播放动画，查看制作效果。

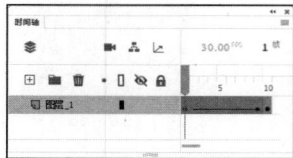

图 7-64

任务实践——制作饰品类公众号封面首图

任务学习目标

使用"创建传统补间"命令制作动画效果。

🔒 **任务知识要点**

使用"导入"命令导入素材并制作图形元件，使用"创建传统补间"命令创建传统补间动画，使用"属性"面板改变实例图形的不透明度和色调。饰品类公众号封面首图效果如图 7-65 所示。

图 7-65

微课

制作饰品类公众号
封面首图

◎ **效果所在位置**

云盘/Ch07/效果/制作饰品类公众号封面首图.fla。

1. 制作图形元件

（1）选择"文件 > 新建"命令，弹出"新建文档"对话框，在"详细信息"选项组中，将"宽"设为 1175，"高"设为 500，在"平台类型"下拉列表中选择"ActionScript 3.0"选项，单击"创建"按钮，完成文档的创建。按 Ctrl+J 组合键，弹出"文档设置"对话框，将"舞台颜色"设为黄色（#FFCC00），单击"确定"按钮，完成舞台颜色的修改。

（2）选择"文件 > 导入 > 导入到库"命令，在弹出的"导入到库"对话框中，选择云盘中的"Ch07 > 素材 > 制作饰品类公众号封面首图 > 01~04"文件，单击"打开"按钮，文件被导入"库"面板中，如图 7-66 所示。

（3）按 Ctrl+F8 组合键，弹出"创建新元件"对话框，在"名称"文本框中输入"手表 1"，在"类型"下拉列表中选择"图形"选项，单击"确定"按钮，新建图形元件"手表 1"，如图 7-67 所示。舞台窗口随之切换到图形元件的舞台窗口。将"库"面板中的位图"02"拖曳到舞台窗口中，并放置在适当的位置，如图 7-68 所示。

（4）新建图形元件"手表 2"，舞台窗口随之切换到图形元件"手表 2"的舞台窗口。将"库"面板中的位图"03"拖曳到舞台窗口中，并放置在适当的位置，如图 7-69 所示。用相同的方法将位图"04"制作成图形元件"文字"，如图 7-70 所示。

图 7-66   图 7-67   图 7-68   图 7-69   图 7-70

2. 制作场景动画

（1）单击舞台窗口左上方图标 ← ，进入"场景 1"的舞台窗口。将"图层_1"重命名为"底图"。将"库"面板中的位图"01"拖曳到舞台窗口中，并放置在与舞台中心重叠的位置，如图 7-71 所示。选中"底图"图层的第 90 帧，按 F5 键，插入普通帧。

（2）在"时间轴"面板中创建新图层并将其命名为"手表 1"。将"库"面板中的图形元件"手表 1"拖曳到舞台窗口中，并放置在适当的位置，如图 7-72 所示。选中"手表 1"图层的第 20 帧，按 F6 键，插入关键帧。

图 7-71   图 7-72

（3）选中"手表 1"图层的第 1 帧，在舞台窗口中选中"手表 1"实例，将其水平向左拖曳到适当的位置，如图 7-73 所示。保持实例的选取状态，在图形"属性"面板"对象"选项卡中，选择"色彩效果"选项组，在样式下拉列表中选择"Alpha"选项，将 Alpha 数值设为 0，效果如图 7-74 所示。

图 7-73   图 7-74

（4）用鼠标右键单击"手表 1"图层的第 1 帧，在弹出的快捷菜单中选择"创建传统补间"命令，生成传统补间动画，如图 7-75 所示。

（5）在"时间轴"面板中创建新图层并将其命名为"手表 2"。将"库"面板中的图形元件"手表 2"拖曳到舞台窗口中，并放置在适当的位置，如图 7-76 所示。选中"手表 2"图层的第 20 帧，按 F6 键，插入关键帧。

图 7-75   图 7-76

（6）选中"手表 2"图层的第 1 帧，在舞台窗口中选中"手表 2"实例，将其水平向右拖曳到适当的位置，如图 7-77 所示。保持实例的选取状态，在图形"属性"面板"对象"选项卡中，选择"色彩效果"选项组，在样式下拉列表中选择"Alpha"选项，将 Alpha 数值设为 0，效果如图 7-78 所示。

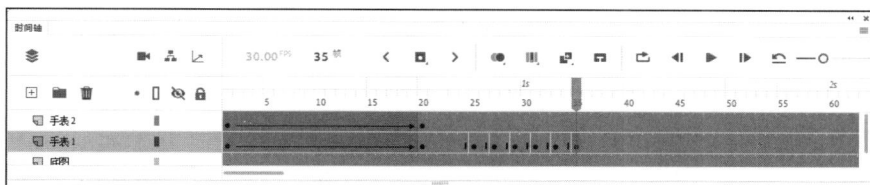

图 7-77	图 7-78

（7）用鼠标右键单击"手表 2"图层的第 1 帧，在弹出的快捷菜单中选择"创建传统补间"命令，生成传统补间动画。

（8）分别选中"手表 1"图层的第 25 帧、第 27 帧、第 29 帧、第 31 帧、第 33 帧和第 35 帧，按 F6 键，插入关键帧，如图 7-79 所示。

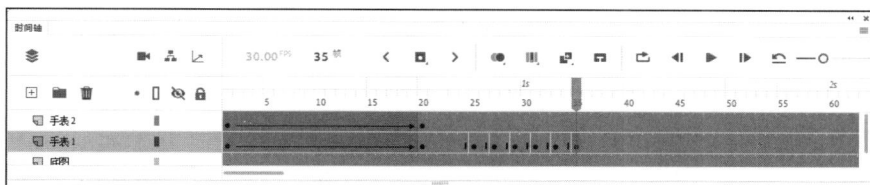

图 7-79

（9）选中"手表 1"图层的第 25 帧，在舞台窗口中选中"手表 1"实例，在图形"属性"面板"对象"选项卡中，选择"色彩效果"选项组，在样式下拉列表中选择"色调"选项，在右侧的颜色框中将颜色设为白色，其他选项的设置如图 7-80 所示，效果如图 7-81 所示。

图 7-80

图 7-81

（10）用上述的方法分别对"手表 1"图层的第 29 帧、第 33 帧中的对象进行设置。分别选中"手表 2"图层的第 27 帧、第 29 帧、第 31 帧、第 33 帧、第 35 帧和第 37 帧，按 F6 键，插入关键帧。

（11）选中"手表 2"图层的第 27 帧，在舞台窗口中选中"手表 2"实例，在图形"属性"面板"对象"选项卡中，选择"色彩效果"选项组，在样式下拉列表中选择"色调"选项，在右侧的颜色框中将颜色设为白色，其他选项的设置如图 7-82 所示，效果如图 7-83 所示。用上述的方法分别对"手表 2"图层的第 31 帧、第 35 帧中的对象进行设置。

图 7-82

图 7-83

（12）在"时间轴"面板中创建新图层并将其命名为"文字"。选中"文字"图层的第 15 帧，按 F6 键，插入关键帧。将"库"面板中的图形元件"文字"拖曳到舞台窗口中，并放置在适当的位置，如图 7-84 所示。

（13）选中"文字"图层的第 30 帧，按 F6 键，插入关键帧。选中"文字"图层的第 15 帧，在舞台窗口中将"文字"实例垂直向下拖曳到适当的位置，如图 7-85 所示。保持实例的选取状态，在图形"属性"面板"对象"选项卡中，选择"色彩效果"选项组，在样式下拉列表中选择"Alpha"选项，将 Alpha 数值设为 0，效果如图 7-86 所示。

| 图 7-84 | 图 7-85 | 图 7-86 |

（14）用鼠标右键单击"文字"图层的第 15 帧，在弹出的快捷菜单中选择"创建传统补间"命令，生成传统补间动画，如图 7-87 所示。至此，饰品类公众号封面首图制作完成，效果如图 7-88 所示，按 Ctrl+Enter 组合键即可查看。

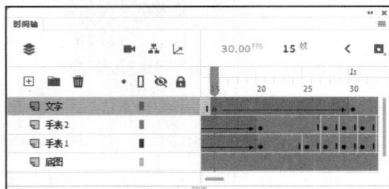

图 7-87

图 7-88

任务 7.7　掌握骨骼动画的创建方法

骨骼动画可以创建人或其他动物运动的一些过程，如胳膊、腿和面部表情的自然运动的过程等。

7.7.1　添加骨骼

使用"骨骼"工具 🦴，可以为影片剪辑元件、图形元件、按钮元件、单个图形添加骨骼。

打开云盘中的"基础素材 > Ch07 > 09.fla"文件。打开的文件如图 7-89 所示。选择"选择"工具 ▶，选中需要的图形，如图 7-90 所示，按 F8 键，弹出"转换为元件"对话框，在"名称"文本框中输入"头部"，在"类型"下拉列表中选择"影片剪辑"选项，单击"确定"按钮，将选中的图形转换为影片剪辑元件。用相同的方法分别将身体和尾巴转换为影片剪辑元件，如图 7-91 所示。

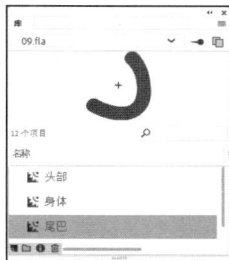

图 7-89　　　　　　　　　　图 7-90　　　　　　　　　　图 7-91

选择"骨骼"工具 🦴，将鼠标指针放置在身体上，鼠标指针变为 🦴，单击并按住鼠标左键不放，向头部拖曳鼠标到适当的位置，如图 7-92 所示，松开鼠标左键，创建连接身体与头部的骨骼，如图 7-93 所示。

将鼠标指针放置在身体的骨骼点上，单击并按住鼠标左键不放，向尾巴部位拖曳鼠标，松开鼠标左键，创建连接身体与尾巴的骨骼，如图 7-94 所示。

选择"选择"工具 ▶，按住 Shift 键的同时，在舞台窗口中选中需要的实例，如图 7-95 所示，选择"修改 > 排列 > 移至顶层"命令，将选中的实例置于顶层，如图 7-96 所示。

    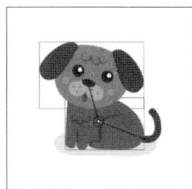

图 7-92　　　　图 7-93　　　　图 7-94　　　　图 7-95　　　　图 7-96

7.7.2　编辑骨骼

添加好骨骼之后，可以通过控件对实例进行平移或旋转等操作。

选择"选择"工具 ▶，在骨骼点上单击，将其选中，如图 7-97 所示。在骨骼点上出现一个圆圈和一个加号，如图 7-98 所示。

 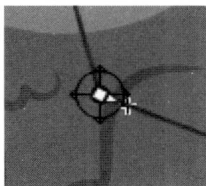

图 7-97　　　　　　　　　　　　图 7-98

单击骨骼点，图标变为图 7-99 所示的效果，再次单击，图标变为图 7-100 所示的效果，将鼠标指针放置到圆圈上，圆圈变为红色，如图 7-101 所示，当鼠标指针变为🖱️时，拖曳鼠标可以旋转实例；将鼠标指针放置到水平箭头上，水平箭头变为红色，当鼠标指针变为🖱️时，如图 7-102 所示，拖曳鼠标可以水平移动实例；将鼠标指针放置在垂直箭头上，垂直箭头变为红色，当鼠标指针变为🖱️时，如图 7-103 所示，拖曳鼠标可以垂直移动实例。

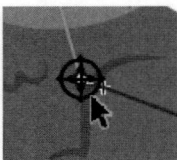

| 图 7-99 | 图 7-100 | 图 7-101 | 图 7-102 | 图 7-103 |

任务实践——制作骨骼动画

🖌️ 任务学习目标

使用骨骼工具制作骨骼动画。

🔒 任务知识要点

使用"导入"命令导入素材并制作图形元件，使用"转换为元件"命令制作影片剪辑元件，使用骨骼工具添加骨骼制作公鸡运动动画。骨骼动画效果如图 7-104 所示。

图 7-104

微课

制作骨骼动画

◎ 效果所在位置

云盘/Ch07/效果/制作骨骼动画. fla。

（1）选择"文件 > 新建"命令，弹出"新建文档"对话框，在"详细信息"选项组中，将"宽"设为 600，"高"设为 600，在"平台类型"下拉列表中选择"ActionScript 3.0"选项，单击"创建"按钮，完成文档的创建。

（2）将"图层_1"重命名为"底图"，如图 7-105 所示。按 Ctrl+R 组合键，在弹出的"导入"对话框中，选择云盘中的"Ch07 > 素材 > 制作骨骼动画 > 01"文件，单击"打开"按钮，将文件导入舞台窗口中，如图 7-106 所示。选中"底图"图层的第 40 帧，按 F5 键，插入普通帧。

（3）按 Ctrl+R 组合键，在弹出的"导入"对话框中，选择云盘中的"Ch07 > 素材 > 制作骨骼动画 > 02"文件，单击"打开"按钮，弹出"将'02.ai'导入到舞台"对话框，单击"导入"按钮，将文件导入舞台窗口中，如图 7-107 所示。在"时间轴"面板中自动生成"图层_1"图层，如图 7-108 所示。

图 7-105

图 7-106

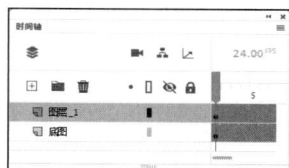
图 7-107　　　　　　　图 7-108

（4）选择"选择"工具▶，将公鸡图形拖曳到适当的位置，如图 7-109 所示。选中需要的图形，如图 7-110 所示，按 F8 键，在弹出的"转换为元件"对话框中进行设置，如图 7-111 所示。设置完成后，单击"确定"按钮，将选中的图形转换为影片剪辑元件。

图 7-109

图 7-110　　　　　　　图 7-111

（5）选中需要的图形，如图 7-112 所示，按 F8 键，在弹出的"转换为元件"对话框中进行设置，如图 7-113 所示。设置完成后，单击"确定"按钮，将选中的图形转换为影片剪辑元件。

图 7-112　　　　　　　　　　　　图 7-113

（6）选中需要的图形，如图 7-114 所示，按 F8 键，弹出"转换为元件"对话框，在"名称"文本框中输入"头部"，在"类型"下拉列表中选择"影片剪辑"选项，单击"确定"按钮，将选中的图形转换为影片剪辑元件。

（7）选中需要的图形，如图 7-115 所示，按 F8 键，弹出"转换为元件"对话框，在"名称"文本框中输入"尾巴"，在"类型"下拉列表中选择"影片剪辑"选项，单击"确定"按钮，将选中的图形转换为影片剪辑元件。

（8）选中需要的实例，如图 7-116 所示，按 Ctrl+X 组合键，剪切选中的实例。将"图层 1"重命名为"腿"。在"时间轴"面板中创建新图层并将其命名为"公鸡"，如图 7-117 所示。按 Ctrl+Shift+V 组合键，将剪切的实例原位粘贴到"公鸡"图层的舞台窗口中。

图 7-114

图 7-115

图 7-116

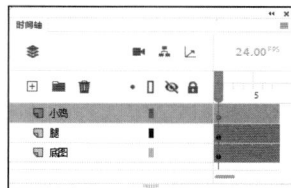
图 7-117

（9）选择"骨骼"工具 ，将鼠标指针放置在"翅膀"实例上，鼠标指针变为 ，单击并按住鼠标左键不放，向"头部"实例拖曳鼠标到适当的位置，如图 7-118 所示，松开鼠标左键，创建连接翅膀与头部的骨骼，如图 7-119 所示。在"时间轴"面板中自动生成一个骨骼图层。

（10）将鼠标指针放置在"翅膀"实例的红色矩形上，鼠标指针变为 ，单击并按住鼠标左键不放，向"身体"实例拖曳鼠标到适当的位置，如图 7-120 所示，松开鼠标左键，创建连接翅膀与身体的骨骼，如图 7-121 所示。

图 7-118　　　　　　图 7-119　　　　　　图 7-120　　　　　　图 7-121

（11）将鼠标指针放置在"身体"实例的骨骼点上，如图 7-122 所示，鼠标指针变为 ，单击并按住鼠标左键不放，向"尾巴"实例拖曳鼠标到适当的位置，松开鼠标左键，创建连接身体与尾巴的骨骼，如图 7-123 所示。调整各个实例的层次，效果如图 7-124 所示。

图 7-122　　　　　　　　图 7-123　　　　　　　　图 7-124

（12）选中"骨架_1"图层的第 10 帧，按 F6 键，插入关键帧。在舞台窗口中调整各个实例的位置及角度，效果如图 7-125 所示。选中第 20 帧，按 F6 键，插入关键帧。在舞台窗口中调整各个实例的位置及角度，效果如图 7-126 所示。

（13）选中第 30 帧，按 F6 键，插入关键帧。在舞台窗口中调整各个实例的位置及角度，效果如图 7-127 所示。至此，骨骼动画制作完成，按 Ctrl+Enter 组合键即可查看效果。

图 7-125　　　　　　　　图 7-126　　　　　　　　图 7-127

任务 7.8　掌握镜头动画的创建方法

在 Animate 2020 中使用摄像头图层可以在动画中模拟真实的摄像机功能。

7.8.1　添加摄像头图层

在 Animate 2020 中创建镜头动画首先要添加摄像头图层。在"时间轴"面板中，单击面板上方的"添加摄像头"按钮 ，或单击工具箱中的"摄像头"工具 ，可以添加一个摄像头图层，如图 7-128 所示。

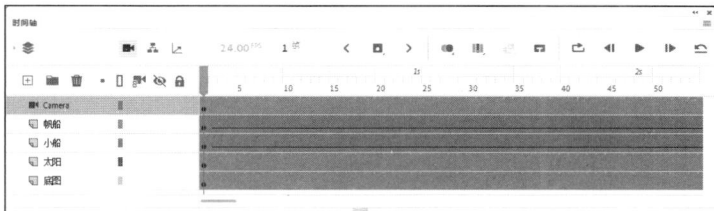

图 7-128

7.8.2 设置摄像头图层属性

添加摄像头图层后，可以在"属性"面板中设置摄像头图层的位置、缩放和旋转等属性，如图 7-129 所示。

1. 位置

添加摄像头图层后，选择"摄像头"工具 ，将鼠标指针放置在舞台窗口中，鼠标指针变为 ，如图 7-130 所示，在按住 Shift 键的同时，单击并按住鼠标左键不放，拖曳鼠标可以移动摄像头的位置，效果如图 7-131 所示。

图 7-129　　　　　　　　图 7-130　　　　　　　　图 7-131

通过修改摄像头工具"属性"面板"摄像机设置"选项组中的"X""Y"文本框中的值，可以精确地移动摄像头的位置。

2. 缩放

添加摄像头图层后，在舞台窗口中出现摄像头工具，如图 7-132 所示。单击该工具中的"缩放"按钮 ，激活缩放控件。拖曳右侧的滑块可以缩放摄像头，如图 7-133 所示。

图 7-132　　　　　　　　　　　　　　　　图 7-133

通过修改摄像头工具"属性"面板"摄像机设置"选项组中的"缩放"文本框中的值，可以精确缩放摄像头。

3. 旋转

添加摄像头图层后，在舞台窗口中出现摄像头工具，如图 7-134 所示。单击该工具中的"旋转"

按钮，激活旋转控件。拖曳右侧的滑块可以旋转摄像头，如图 7-135 所示。

图 7-134   图 7-135

通过修改摄像头工具"属性"面板"摄像机设置"选项组中的"旋转"文本框中的值，可以精确旋转摄像头。

任务实践——制作镜头动画

任务学习目标

使用"时间轴"面板创建摄像头图层。

任务知识要点

使用"打开"命令打开素材文件，使用"添加摄像头"按钮 ■◀ 添加摄像头图层，使用工具属性面板制作镜头放大位移效果。镜头动画效果如图 7-136 所示。

效果所在位置

云盘/Ch07/效果/制作镜头动画.fla。

微课

制作镜头动画

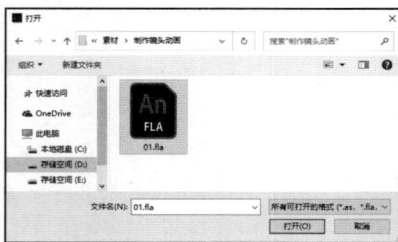

图 7-136

（1）选择"文件 > 打开"命令，在弹出的"打开"对话框中，选择云盘中的"Ch07 > 素材 > 制作镜头动画 > 01"文件，如图 7-137 所示，单击"打开"按钮，打开文件。打开的文件如图 7-138 所示。

图 7-137   图 7-138

（2）在"时间轴"面板中选中所有图层，如图 7-139 所示。单击"时间轴"面板上方的"添加摄像头"按钮 ■◀ ，为选中的图层创建摄像头图层，如图 7-140 所示。舞台窗口效果如图 7-141 所示。

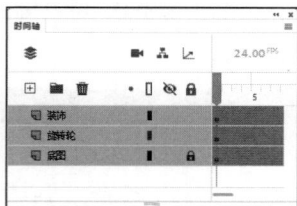

图 7-139

图 7-140

图 7-141

（3）选中"Camera"图层的第 60 帧，按 F6 键，插入关键帧。在舞台窗口中单击，在摄像头工具"属性"面板"工具"选项卡中，设置"摄像机设置"选项组中的"缩放"为 149%，如图 7-142

所示，效果如图 7-143 所示。

图 7-142

图 7-143

（4）选中"Camera"图层的第 120 帧，按 F6 键，插入关键帧。将鼠标指针放置在舞台窗口中，鼠标指针变为 ⊹◼ 时，按住 Shift 键，同时按住鼠标左键不放，向右拖曳鼠标到适当的位置，移动摄像头的位置。舞台窗口效果如图 7-144 所示。

（5）分别用鼠标右键单击"Camera"图层的第 1 帧和第 60 帧，在弹出的快捷菜单中选择"创建传统补间"命令，生成传统补间动画，如图 7-145 所示。至此，镜头动画制作完成，按 Ctrl+Enter 组合键即可查看效果。

图 7-144

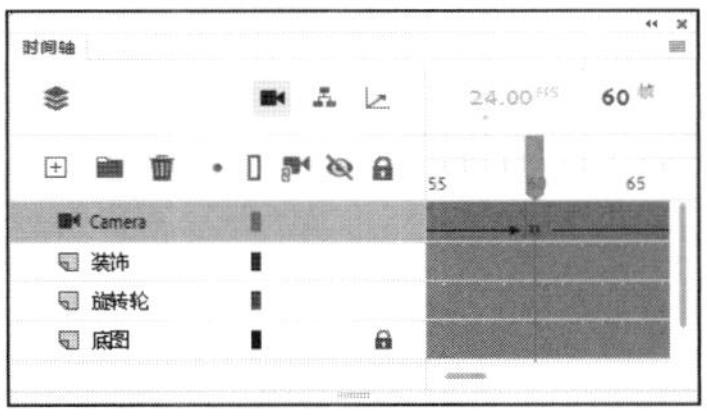

图 7-145

任务 7.9　掌握测试动画的方法

在完成动画制作后，要对其进行测试。可以通过多种方法来测试动画。下面进行具体地讲解。

（1）应用播放命令

选择"控制 > 播放"命令，或按 Enter 键，可以对当前舞台中的动画进行浏览。在"时间轴"面板中，可以看见播放头在运动，随着播放头的运动，舞台中显示出播放头所经过的帧上的内容。

（2）应用测试命令

选择"控制 > 测试"命令，或按 Ctrl+Enter 组合键，可以进入动画测试窗口，对动画作品中的多个场景进行连续的测试。

（3）应用测试场景命令

选择"控制 > 测试场景"命令，或按 Ctrl+Alt+Enter 组合键，可以进入动画测试窗口，对当前舞台窗口中显示的场景或元件中的动画进行测试。

> **提示**　如果需要循环播放动画，可以先选择"控制 > 循环播放"命令，再单击"播放"按钮或选择其他的测试命令。

项目实践 ——制作元宵节海报

🔗 实践知识要点

使用"导入到库"命令导入素材并制作图形元件，使用"创建传统补间"命令制作传统补间动画，使用"属性"面板设置元件的不透明度及旋转，使用"场景"面板制作场景动画。元宵节海报效果如图 7-146 所示。

图 7-146

微课

制作元宵节海报

◎ 效果所在位置

云盘/Ch07/效果/制作元宵节海报.fla。

课后习题 ——制作海滨城市动画

🔗 习题知识要点

使用"导入到库"命令导入素材并制作图形元件，使用"创建传统补间"命令制作传统补间动画，使用"属性"面板设置动画的旋转次数。海滨城市动画效果如图 7-147 所示。

图 7-147

微课

制作海滨城市
动画

◎ 效果所在位置

云盘/Ch07/效果/制作海滨城市动画.fla。

08

项目 8
图层与高级动画

项目导入

    只有了解了图层的概念并能熟练使用不同性质的图层，才能将 Animate 2020 使用的更加得心应手。本项目主要讲解图层的应用技巧及如何使用不同性质的图层来制作高级动画。通过学习本项目的内容，学生可以了解并掌握图层的常用功能，利用图层来为动画作品增光添彩。

项目目标

- ➤ 掌握图层的基本操作。
- ➤ 掌握引导层与运动引导层动画的制作方法。
- ➤ 掌握遮罩层的使用方法和应用技巧。
- ➤ 运用"分散到图层"命令编辑对象。

技能目标

- ➤ 能够制作电商广告。
- ➤ 能够制作手表广告主图动画。

素养目标

- ➤ 培养商业设计思维。
- ➤ 培养精益求精的工作作风。

任务 8.1 掌握图层的分类与基本操作

Animate 2020 中的普通图层类似于叠加在一起的透明纸，下面图层中的内容可以从上面图层的空白区域中透出来。一般情况下，我们可以利用普通图层的透明特性分门别类地组织文件中的内容，例如将不动的背景画放置在一个图层上，而将运动的小鸟放置在另一个图层上。使用图层的一个好处是若在一个图层上创建和编辑对象，则不会影响其他图层中的对象。在时间轴面板中，图层分为普通层、引导层、运动引导层、被引导层、遮罩层、被遮罩层，它们的作用各不相同。

8.1.1 图层的基本操作

1. 图层的快捷菜单

用鼠标右键单击"时间轴"面板中的图层名称，弹出快捷菜单，如图 8-1 所示，其中命令的作用如下。

"显示并解锁全部"命令：用于显示所有的隐藏图层、图层文件夹并将其解锁。

"锁定其他图层"命令：用于锁定除当前图层以外的所有图层。

"隐藏其他图层"命令：用于隐藏除当前图层以外的所有图层。

"显示其他透明图层"命令：用于显示除当前图层以外的其他透明图层。

"插入图层"命令：用于在当前图层上创建一个新图层。

"删除图层"命令：用于删除当前图层。

"剪切图层"命令：用于将当前图层剪切到剪切板中。

"拷贝图层"命令：用于拷贝当前图层。

"粘贴图层"命令：用于粘贴所拷贝的图层。

"复制图层"命令：用于复制当前图层并生成一个复制图层。

"合并图层"命令：用于将选中的两个或两个以上的图层合并为一个图层。

"引导层"命令：用于将当前图层转换为引导层。

"添加传统运动引导层"命令：用于添加传统运动引导层。

"遮罩层"命令：用于将当前图层转换为遮罩层。

"显示遮罩"命令：用于在舞台窗口中显示遮罩效果。

"插入文件夹"命令：用于在当前图层上创建一个新的图层文件夹。

"删除文件夹"命令：用于删除当前的图层文件夹。

"展开文件夹"命令：用于展开当前的图层文件夹，显示出其包含的图层。

"折叠文件夹"命令：用于折叠当前的图层文件夹。

"展开所有文件夹"命令：用于展开"时间轴"面板中所有的图层文件夹，显示出所包含的图层。

"折叠所有文件夹"命令：用于折叠"时间轴"面板中所有的图层文件夹。

"属性"命令：用于设置图层的属性。选择此命令，弹出"图层属性"对话框，如图 8-2 所示。

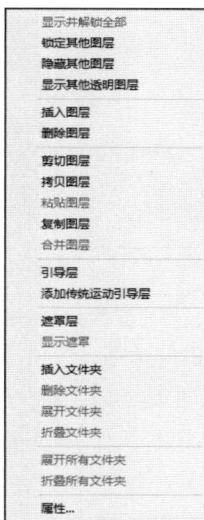

图 8-1

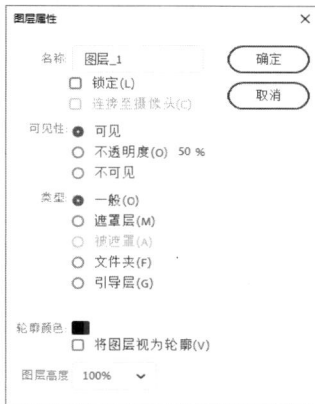

图 8-2

其中常用选项的作用如下。

▣ "名称"文本框：用于设置图层的名称。

▣ "锁定"复选框：勾选此复选框，将锁定该图层，否则将解锁。

▣ "连接至摄像头"复选框：勾选此复选框，可以将该图层连接至摄像头图层。

▣ "可见性"选项组：用于设置图层的可见性。

▣ "类型"选项组：用于设置图层的类型。

▣ "轮廓颜色"选项组：用于设置对象呈轮廓显示时，轮廓线所使用的颜色。

▣ "图层高度"下拉列表：用于设置图层在"时间轴"面板中显示的高度。

2. 创建图层

为了分门别类地组织动画内容，需要创建普通图层，我们可以应用不同的方法进行图层的创建。

（1）在"时间轴"面板上方单击"新建图层"按钮田，创建一个新图层。

（2）选择"插入 > 时间轴 > 图层"命令，创建一个新图层。

（3）用鼠标右键单击"时间轴"面板的图层编辑区，在弹出的快捷菜单中选择"插入图层"命令，创建一个新图层。

> **提示**
>
> 系统默认状态下，新创建的图层按"图层_1""图层_2"……的顺序进行命名，用户可以根据需要自定义图层的名称。

3. 选取图层

选取图层的作用是将图层变为当前图层，用户可以在当前图层上放置对象、添加文本和对图形进行编辑。将图层变为当前图层的方法很简单，在"时间轴"面板中选中该图层即可。当前图层在"时间轴"面板中以浅蓝色显示，此时可以对该图层进行编辑，如图 8-3 所示。

按住 Ctrl 键的同时，单击要选择的图层，可以一次选择多个图层，如图 8-4 所示。按住 Shift

键的同时，单击 2 个图层，在这 2 个图层中间的其他图层会被同时选中，如图 8-5 所示。

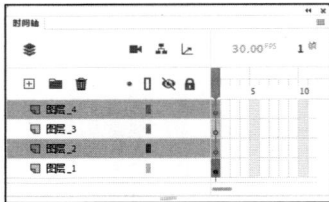 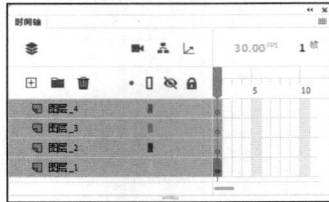

图 8-3　　　　　　　　　图 8-4　　　　　　　　　图 8-5

4．排列图层

在制作过程中，我们可以根据需要，在"时间轴"面板中对图层进行排序。

在"时间轴"面板中选中"图层_3"，如图 8-6 所示，按住鼠标左键不放，将"图层_3"向下拖曳，这时会出现一条实线，如图 8-7 所示，将实线拖曳到"图层_1"的下方，松开鼠标左键，"图层_3"就会移动到"图层_1"的下方，如图 8-8 所示。

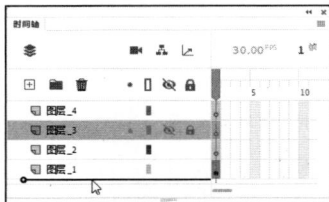 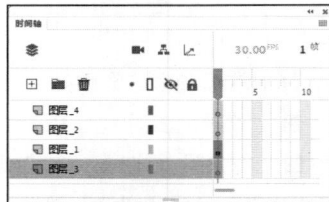

图 8-6　　　　　　　　　图 8-7　　　　　　　　　图 8-8

5．复制、粘贴图层

根据需要，我们可以将图层中的所有对象复制并粘贴到其他图层或场景中。

在"时间轴"面板中单击要复制的图层，如图 8-9 所示。选择"编辑 > 时间轴 > 复制帧"命令，或按 Ctrl+Alt+C 组合键，进行复制。在"时间轴"面板上方单击"新建图层"按钮 ⊞，创建一个新图层，如图 8-10 所示。选择"编辑 > 时间轴 > 粘贴帧"命令，或按 Ctrl+Alt+V 组合键，在新建的图层中粘贴复制的内容，如图 8-11 所示。

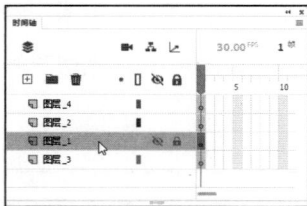  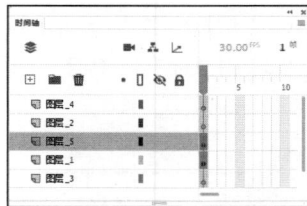

图 8-9　　　　　　　　　图 8-10　　　　　　　　　图 8-11

6．删除图层

如果不再需要某个图层，可以将其删除。要删除图层可以采用以下两种方法。

（1）在"时间轴"面板中选中要删除的图层，在该面板上方单击"删除"按钮 🗑，即可删除选中的图层，如图 8-12 所示。

（2）在要删除的图层上单击鼠标右键，在弹出的快捷菜单中选择"删除图层"命令，如图 8-13 所示，删除图层，效果如图 8-14 所示。

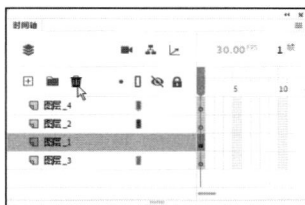

图 8-12　　　　　　　　　图 8-13　　　　　　　　　图 8-14

7. 隐藏图层、锁定图层、图层的线框显示模式和突出显示图层

（1）隐藏图层

用 Animate 制作出的动画经常是由多个图层叠加在一起制作而成的，为了便于观察某个图层中的对象的效果，可以把其他的图层隐藏起来。

在"时间轴"面板中单击"显示或隐藏所有图层"按钮 👁 下方的图标 👁，如图 8-15 所示，这时图标 👁 所在的图层就被隐藏，此时该图层将不能被编辑。

在"时间轴"面板中单击"显示或隐藏所有图层"按钮 👁，面板中的所有图层将被同时隐藏，如图 8-16 所示。再次单击此按钮，即可解除隐藏。

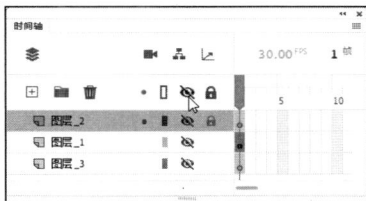

图 8-15　　　　　　　　　　　　　　　　图 8-16

（2）锁定图层

如果某个图层上的内容已符合要求，则可以锁定该图层，以避免该图层上的内容被意外更改。

在"时间轴"面板中单击"锁定或解除锁定所有图层"按钮 🔒 下方的图标 🔒，如图 8-17 所示，这时图标 🔒 所在的图层就被锁定，此时该图层将不能被编辑。

在"时间轴"面板中单击"锁定或解除锁定所有图层"按钮 🔒，面板中的所有图层将被同时锁定，如图 8-18 所示。再次单击此按钮，即可解除锁定。

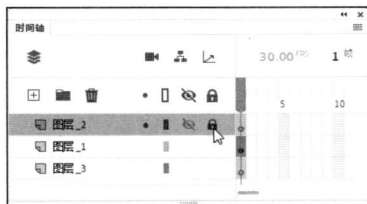
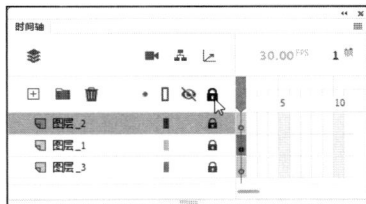

图 8-17　　　　　　　　　　　　　　　　图 8-18

（3）图层的线框显示模式

为了便于观察图层中的对象，可以将对象以线框的模式进行显示。

在"时间轴"面板中单击"将所有图层显示为线框"按钮 ▯ 下方的实色长方形，这时实色长方形所在图层中的对象就以轮廓模式显示，在该图层上实色长方形变为轮廓图标 ▯，如图 8-19 所示，此时并不影响编辑该图层。

在"时间轴"面板中单击"将所有图层显示为轮廓"按钮 🔲，面板中的所有图层将被同时以线框模式显示，如图 8-20 所示。再次单击此按钮，即可返回到普通模式。

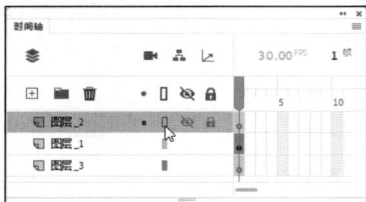 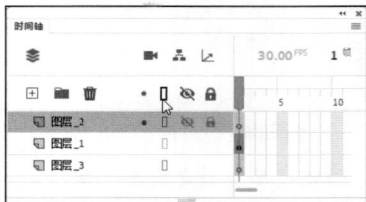

图 8-19   图 8-20

（4）突出显示图层

为了便于观察图层，可以将重要图层进行突出显示。

在"时间轴"面板中单击"突出显示图层"按钮 · 下方的实色圆点，这时实色圆点所在图层将突出显示，在该图层的下方将出现一条实线，如图 8-21 所示。

在"时间轴"面板中单击"突出显示图层"按钮 · ，面板中的所有图层将被同时突出显示，如图 8-22 所示。再次单击此按钮，即可取消突出显示。

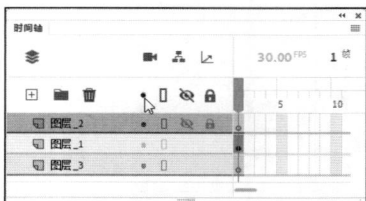

图 8-21   图 8-22

8. 重命名图层

如果需要重命名图层，可以使用以下两种方法。

（1）双击"时间轴"面板中的图层名称，名称进入可编辑状态，如图 8-23 所示，输入要更改的图层名称，如图 8-24 所示，在图层旁边单击，或按 Enter 键，完成图层名称的修改，如图 8-25 所示。

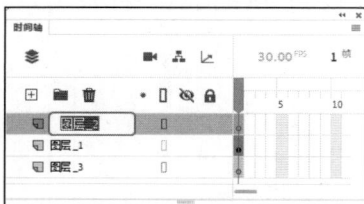 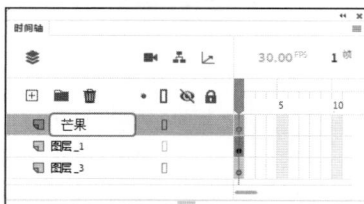 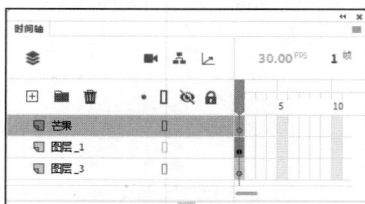

图 8-23   图 8-24   图 8-25

（2）选中要重命名的图层，选择"修改 > 时间轴 > 图层属性"命令，在弹出的"图层属性"对话框中修改图层的名称。也可以用鼠标右键单击要修改名称的图层，在弹出的快捷菜单中选择"属性"命令，在弹出的"图层属性"对话框中修改图层的名称。

8.1.2 图层文件夹

我们可以在"时间轴"面板中创建图层文件夹来组织和管理图层，这样，"时间轴"面板中图层的层次结构将非常清晰。

1. 创建图层文件夹

要创建图层文件夹可以采用以下 3 种方法。

（1）单击"时间轴"面板上方的"新建文件夹"按钮 ，在"时间轴"面板中创建图层文件夹，如图 8-26 所示。

（2）选择"插入 > 时间轴 > 图层文件夹"命令，在"时间轴"面板中创建图层文件夹，效果如图 8-27 所示。

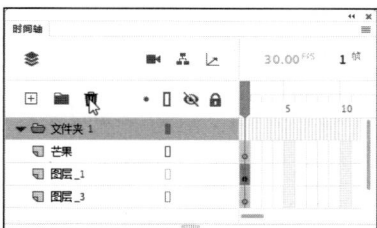

图 8-26

图 8-27

（3）用鼠标右键单击"时间轴"面板中的任意图层，在弹出的快捷菜单中选择"插入文件夹"命令，在"时间轴"面板中创建图层文件夹。

2. 删除图层文件夹

要删除图层文件夹可以采用以下两种方法。

（1）在"时间轴"面板中选中要删除的图层文件夹，单击面板上方的"删除"按钮 ，即可删除图层文件夹，如图 8-28 所示。

（2）在"时间轴"面板中选中要删除的图层文件夹，按住鼠标左键不放，将图层文件夹拖曳到"删除"按钮 上进行删除，如图 8-29 所示。

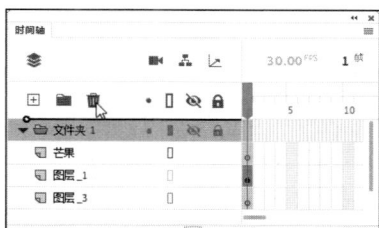

图 8-28

图 8-29

8.1.3　引导层

引导层主要用于为其他图层提供辅助绘图和绘图定位，引导层中的图形在播放影片时是不会显示的。

1. 将普通图层转换为引导层

用鼠标右键单击"时间轴"面板中的某个普通图层，在弹出的快捷菜单中选择"引导层"命令，如图 8-30 所示，对应的图层将转换为引导层，此时该图层前面的图标变为 ，如图 8-31 所示。

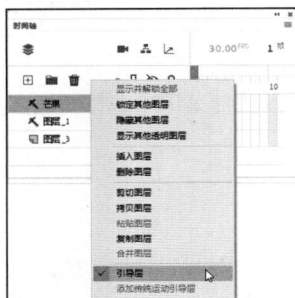

图 8-30

图 8-31

2. 将引导层转换为普通图层

用鼠标右键单击"时间轴"面板中的引导层，在弹出的快捷菜单中选择"引导层"命令，如图 8-32 所示，引导层将转换为普通图层，此时该图层前面的图标变为 🗗，如图 8-33 所示。

图 8-32

图 8-33

8.1.4 运动引导层

运动引导层的作用是设置对象运动路径的导向，使与之相链接的被引导层中的对象沿着路径运动，运动引导层上的路径在播放动画时不显示。在运动引导层上可创建多个运动路径，以引导被引导层上的多个对象沿不同的路径运动。要创建按照任意路径运动的动画就需要添加运动引导层，但创建运动引导层动画时要求必须使用动作补间动画，形状补间动画、逐帧动画不可用。

1. 创建传统运动引导层

选中要添加运动引导层的图层，单击鼠标右键，在弹出的快捷菜单中选择"添加传统运动引导层"命令，如图 8-34 所示，为图层添加传统运动引导层。此时，运动引导层前面出现图标 ⚬，如图 8-35 所示。

图 8-34

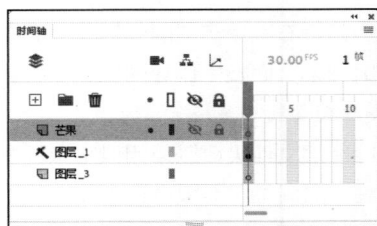

图 8-35

2. 将运动引导层转换为普通图层

将运动引导层转换为普通图层的方法与将引导层转换为普通图层的方法一样，这里不赘述。

8.1.5 分散到图层

应用"分散到图层"命令，可以将同一图层上的多个对象分散到不同的图层中并为各个图层命名。如果对象是元件或位图，那么新图层的名称将为元件或位图原有的名称。

新建空白文档，选择"文本"工具 **T**，在"图层_1"的舞台窗口中输入文字"欣欣向荣"，如图 8-36 所示。选中文字，按 Ctrl+B 组合键，将文字分离，如图 8-37 所示。选择"修改 > 时间轴 > 分散到图层"命令，或按 Ctrl+Shift+D 组合键，将"图层_1"中的文字分散到不同的图层中并按文字为图层命名，如图 8-38 所示。

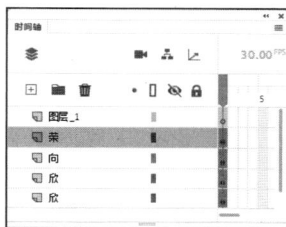

图 8-36　　　　　　　　　图 8-37　　　　　　　　　图 8-38

> **提示**
>
> 文字分散到不同的图层中后，"图层_1"中就没有任何对象了。

任务实践——制作电商广告

📋 任务学习目标

使用运动引导层制作引导层动画效果。

🔒 任务知识要点

使用"添加传统运动引导层"命令添加运动引导层，使用"创建传统补间"命令制作传统补间动画，使用钢笔工具绘制运动路径。电商广告效果如图 8-39 所示。

微课

制作电商广告

图 8-39

◉ 效果所在位置

云盘/Ch08/效果/制作电商广告.fla.。

1. 导入素材并制作图形元件

（1）选择"文件 > 新建"命令，弹出"新建文档"对话框，在"详细信息"选项组中，将"宽"设为 800，"高"设为 250，在"平台类型"下拉列表中选择"ActionScript 3.0"选项，单击"创建"按钮，完成文档的创建。

（2）选择"文件 > 导入 > 导入到库"命令，在弹出的"导入到库"对话框中，选择云盘中的"Ch08 > 素材 > 制作电商广告 > 01 ~ 06"文件，单击"打开"按钮，将文件导入"库"面板中，如图 8-40 所示。

（3）按 Ctrl+F8 组合键，弹出"创建新元件"对话框，在"名称"文本框中输入"花瓣 1"，在"类型"下拉列表中选择"图形"选项，单击"确定"按钮，新建图形元件"花瓣 1"，如图 8-41 所示，舞台窗口也随之转换为图形元件的舞台窗口。将"库"面板中的位图"02"文件拖曳到舞台窗口中，如图 8-42 所示。

（4）用相同的方法将"库"面板中的位图"03""04""05""06"文件，分别制作成图形元件"花瓣 2""花瓣 3""花瓣 4"和"花瓣 5"，如图 8-43 所示。

图 8-40　　　　　　　图 8-41　　　　　　　图 8-42　　　　　　　图 8-43

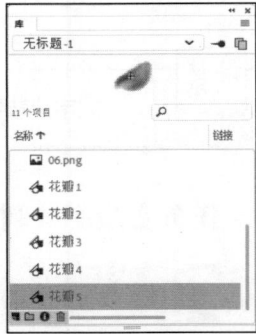

2. 制作影片剪辑元件

（1）按 Ctrl+F8 组合键，弹出"创建新元件"对话框，在"名称"文本框中输入"花瓣动 1"，在"类型"下拉列表中选择"影片剪辑"选项，如图 8-44 所示，单击"确定"按钮，新建影片剪辑元件"花瓣动 1"，舞台窗口也随之转换为影片剪辑元件的舞台窗口。

（2）在"时间轴"面板中，用鼠标右键单击"图层_1"图层，在弹出的快捷菜单中选择"添加传统运动引导层"命令，为"图层_1"添加运动引导层，如图 8-45 所示。

图 8-44　　　　　　　　　　　　　　　图 8-45

（3）选择"钢笔"工具 🖋，在工具箱中将笔触颜色设为红色（#FF0000），选中工具箱下方"选项"选项组中的"平滑"按钮 S，在运动引导层上绘制出 1 条曲线，如图 8-46 所示。选中运动引导层的第 40 帧，按 F5 键，插入普通帧，如图 8-47 所示。

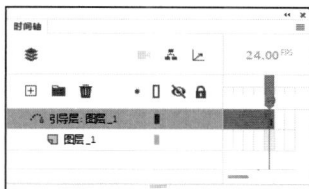

图 8-46   图 8-47

（4）选中"图层_1"的第 1 帧，将"库"面板中的图形元件"花瓣 1"拖曳到舞台窗口中并将其放置在曲线上方的端点上，效果如图 8-48 所示。

（5）选中"图层_1"的第 40 帧，按 F6 键，插入关键帧，如图 8-49 所示。选择"选择"工具▶，在舞台窗口中将"花瓣 1"实例移动到曲线下方的端点上，效果如图 8-50 所示。

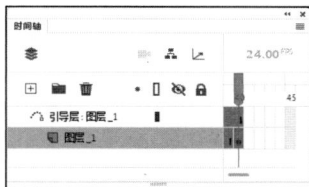

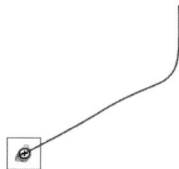

图 8-48   图 8-49   图 8-50

（6）用鼠标右键单击"图层_1"的第 1 帧，在弹出的快捷菜单中选择"创建传统补间"命令，在第 1 帧和第 40 帧之间生成动作补间动画，如图 8-51 所示。

（7）采用上述的方法，用图形元件"花瓣 2""花瓣 3""花瓣 4""花瓣 5"，分别制作影片剪辑元件"花瓣动 2""花瓣动 3""花瓣动 4""花瓣动 5"，如图 8-52 所示。

（8）按 Ctrl+F8 组合键，弹出"创建新元件"对话框，在"名称"文本框中输入"一起动"，在"类型"下拉列表中选择"影片剪辑"选项，单击"确定"按钮，新建影片剪辑元件"一起动"，如图 8-53 所示。舞台窗口也随之转换为影片剪辑元件的舞台窗口。

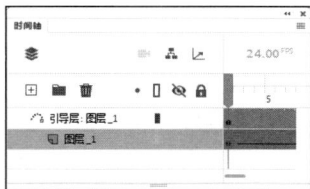

图 8-51   图 8-52   图 8-53

（9）将"库"面板中的影片剪辑元件"花瓣动 1"拖曳到舞台窗口中，如图 8-54 所示。选中"图层_1"的第 50 帧，按 F5 键，插入普通帧。

（10）单击"时间轴"面板上方的"新建图层"按钮⊞，新建"图层_2"。选中"图层_2"的第 5
帧，按 F6 键，插入关键帧。将"库"面板中的影片剪辑元件"花瓣动 2"拖曳到舞台窗口中两次，
如图 8-55 所示。

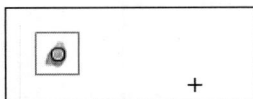

图 8-54

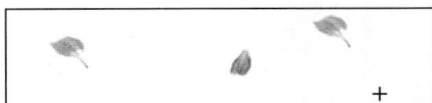

图 8-55

（11）单击"时间轴"面板下方的"新建图层"按钮⊞，新建"图层_3"。选中"图层_3"的第
10 帧，按 F6 键，插入关键帧。将"库"面板中的影片剪辑元件"花瓣动 3"拖曳到舞台窗口中，如
图 8-56 所示。

（12）单击"时间轴"面板下方的"新建图层"按钮⊞，新建"图层_4"。选中"图层_4"的第
15 帧，按 F6 键，插入关键帧。将"库"面板中的影片剪辑元件"花瓣动 4"拖曳到舞台窗口中两次，
如图 8-57 所示。

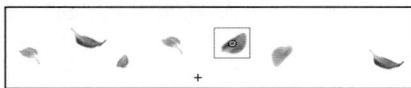

图 8-56　　　　　　　　　　　　　　　　　　图 8-57

（13）单击"时间轴"面板下方的"新建图层"按钮⊞，新建"图层_5"。选中"图层_5"的第
20 帧，按 F6 键，插入关键帧。将"库"面板中的影片剪辑元件"花瓣动 5" 拖曳到舞台窗口中，如
图 8-58 所示。

（14）单击舞台窗口左上方图标 ←，进入"场景 1"的舞台窗口。将"图层_1"重命名为"底图"。
将"库"面板中的位图"01"拖曳到舞台窗口中心位置，如图 8-59 所示。

图 8-58　　　　　　　　　　　　　　　　　　图 8-59

（15）在"时间轴"面板中创建新图层并将其命名为"花瓣"。将"库"面板中的影片剪辑元件"一
起动"拖曳到舞台窗口中，并放置在适当的位置，如图 8-60 所示。至此，电商广告制作完成，效果
如图 8-61 所示，按 Ctrl+Enter 组合键即可查看。

图 8-60　　　　　　　　　　　　　　　　　　图 8-61

任务 8.2 掌握遮罩层的创建

除了普通图层和引导层外，还有一种特殊的图层——遮罩层，通过遮罩层可以创建类似探照灯的特殊动画效果。遮罩层就像一块不透明的板，如果想看到它下面的图像，只能在板上挖洞，而遮罩层中有对象的区域就可以看成"洞"，通过这个"洞"，遮罩层中的对象才能显示出来。

1. 创建遮罩层

在"时间轴"面板中，用鼠标右键单击要转换为遮罩层的图层，在弹出的快捷菜单中选择"遮罩层"命令，如图 8-62 所示。选中的图层转换为遮罩层，其下方的图层自动转换为被遮罩层，并且它们都自动被锁定，如图 8-63 所示。

> **提示**
>
> 如果想解除遮罩，只需单击"时间轴"面板上遮罩层或被遮罩层上的图标 🔒，将其解锁即可。

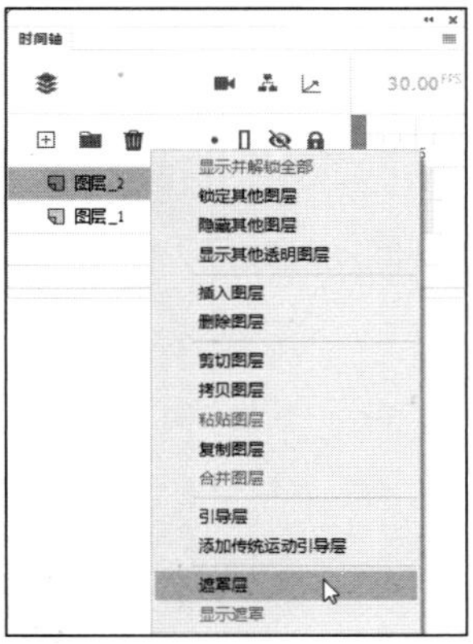

图 8-62

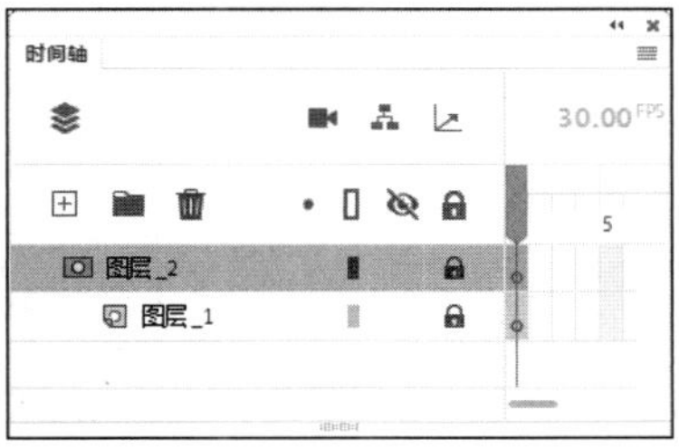

图 8-63

> **提示**
>
> 遮罩层中的对象可以是图形、文字、元件的实例等。一个遮罩层可以作为多个图层的遮罩层，如果要将一个普通图层转换为某个遮罩层的被遮罩层，只需将此图层拖曳至遮罩层下方即可。

2. 将遮罩层转换为普通图层

在"时间轴"面板中，用鼠标右键单击要转换的遮罩层，在弹出的快捷菜单中选择"遮罩层"命令，如图 8-64 所示，遮罩层将转换为普通图层，如图 8-65 所示。

> **提示**
>
> 遮罩层不显示位图、渐变色、透明色和线条。

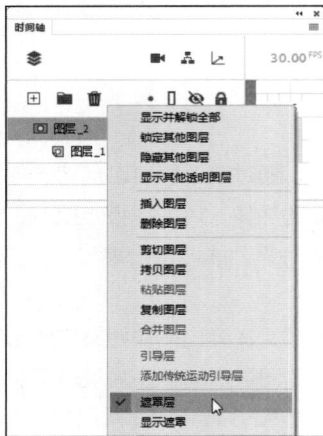

图 8-64

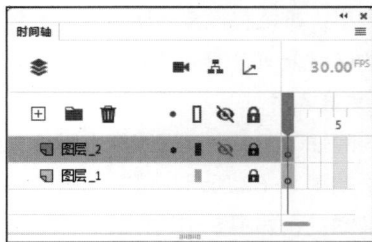

图 8-65

任务实践——制作手表广告主图动画

任务学习目标

使用"遮罩层"命令制作遮罩动画。

任务知识要点

使用矩形工具绘制矩形，使用"创建补间形状"命令制作形状补间动画效果，使用"遮罩层"命令制作遮罩动画。手表广告主图动画效果如图 8-66 所示。

图 8-66

微课

制作手表广告
主图动画

效果所在位置

云盘/Ch08/效果/制作手表广告主图动画. fla.。

1. 导入素材并制作图形元件

（1）选择"文件 > 新建"命令，弹出"新建文档"对话框，在"详细信息"选项组中，将"宽"设为 800，"高"设为 800，"帧速率"设为 24，在"平台类型"下拉列表中选择"ActionScript 3.0"选项，单击"创建"按钮，完成文档的创建。按 Ctrl+J 组合键，弹出"文档设置"对话框，将"舞台颜色"设为橘黄色（#FFCC00），单击"确定"按钮，完成舞台颜色的修改。

（2）选择"文件 > 导入 > 导入到库"命令，在弹出的"导入到库"对话框中，选择云盘中的"Ch08 > 素材 > 制作手表广告主图 > 01～03"文件，单击"打开"按钮，将文件导入"库"面板中，如图 8-67 所示。

（3）按 Ctrl+F8 组合键，弹出"创建新元件"对话框，在"名称"文本框中输入"点击抢购"，在"类型"下拉列表中选择"按钮"选项，单击"确定"按钮，新建按钮元件"点击抢购"，如图 8-68 所示。舞台窗口也随之转换为按钮元件的舞台窗口。将"库"面板中的位图"03.png"拖曳到舞台窗口中适当的位置，如图 8-69 所示。

图 8-67

图 8-68

图 8-69

（4）按 Ctrl+F8 组合键，弹出"创建新元件"对话框，在"名称"文本框中输入"价位"，在"类型"下拉列表中选择"图形"选项，单击"确定"按钮，新建图形元件"价位"，如图 8-70 所示。舞台窗口也随之转换为图形元件的舞台窗口。

（5）选择"文本"工具 **T**，在文本工具"属性"面板中进行设置。首先在舞台窗口中适当的位置输入"大小"为 93、字体为"Impact"的白色文字，文字效果如图 8-71 所示。其次在舞台窗口中输入"大小"为 42、字体为"方正兰亭粗黑简体"的白色文字，文字效果如图 8-72 所示。

图 8-70

图 8-71

图 8-72

（6）按 Ctrl+F8 组合键，弹出"创建新元件"对话框，在"名称"文本框中输入"文字"，在"类型"下拉列表中选择"图形"选项，单击"确定"按钮，新建图形元件"文字"，如图 8-73 所示。舞台窗口也随之转换为图形元件的舞台窗口。

（7）选择"基本矩形"工具 ▣，在"属性"面板"工具"选项卡中，将笔触颜色设为无，填充颜色设为金色（#E3A378），其他选项的设置如图 8-74 所示。在舞台中绘制 1 个矩形，保持矩形的选取状态，在"属性"面板"对象"选项卡中，将"宽"设为 371，"高"设为 46，"X"选项和"Y"选项均设为 0，效果如图 8-75 所示。

图 8-73

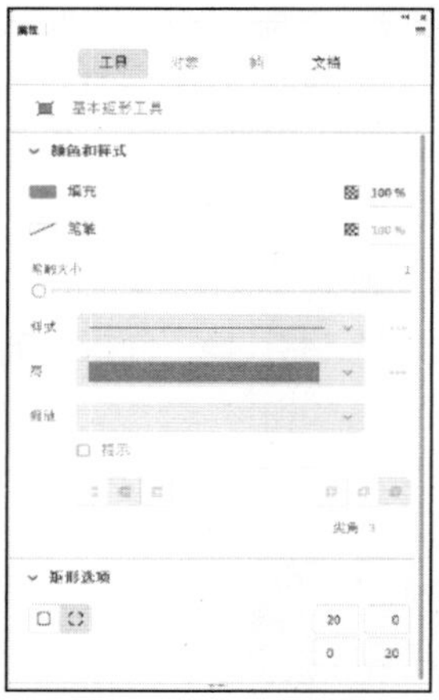

图 8-74

图 8-75

（8）选择"文本"工具 **T**，在文本工具"属性"面板中进行设置，在舞台窗口中适当的位置输入"大小"为 30、字体为"方正兰亭黑简体"的黑色文字，文字效果如图 8-76 所示。

（9）按 Ctrl+F8 组合键，弹出"创建新元件"对话框，在"名称"文本框中输入"高光动"，在"类型"下拉列表中选择"影片剪辑"选项，单击"确定"按钮，新建影片剪辑元件"高光动"，如图 8-77 所示。舞台窗口也随之转换为影片剪辑元件的舞台窗口。

（10）选择"矩形"工具 ，在"属性"面板"工具"选项卡中，单击"对象绘制"按钮 ，将笔触颜色设为无，填充颜色设为白色，在舞台窗口中绘制多个矩形，效果如图 8-78 所示。

图 8-76

图 8-77

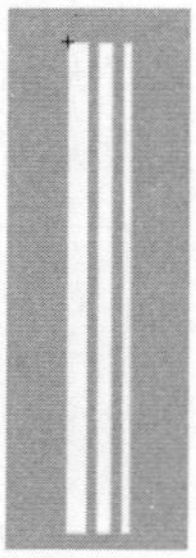

图 8-78

（11）按 Ctrl+A 组合键，将舞台窗口中的图形全部选中，如图 8-79 所示。按 F8 键，在弹出的"转换为元件"对话框中进行设置，如图 8-80 所示，设置完成后，单击"确定"按钮，将选中的图形转换为图形元件。

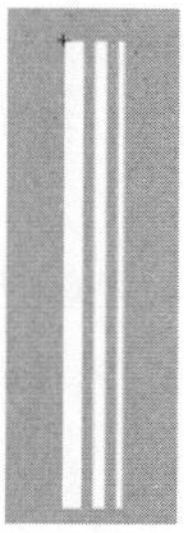

图 8-79

图 8-80

（12）分别选中"图层_1"的第 40 帧、第 80 帧，按 F6 键，插入关键帧。选中"图层_1"的第 40 帧，在舞台窗口中将"高光"实例水平向右拖曳到适当的位置，如图 8-81 所示。

（13）分别用鼠标右键单击"图层_1"的第 1 帧、第 40 帧，在弹出的快捷菜单中选择"创建传统补间"命令，生成传统补间动画。

（14）在"时间轴"面板中，用鼠标右键单击"图层_1"图层，在弹出的快捷菜单中选择"复制图层"命令，直接复制图层并生成"图层_1_复制"，如图 8-82 所示。保持所有帧的选取状态，将所有帧向后拖曳至与"图层_1"隔 20 帧的位置，如图 8-83 所示。

图 8-81

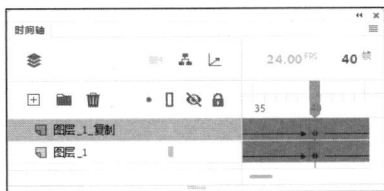
图 8-82

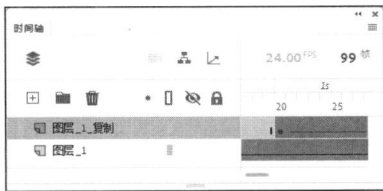
图 8-83

2. 制作场景动画

（1）单击舞台窗口左上方图标 ← ，进入"场景 1"的舞台窗口。将"图层_1"重命名为"底图"。将"库"面板中的位图"01"拖曳到舞台窗口的中心位置，如图 8-84 所示。选中"底图"图层的第 200 帧，按 F5 键，插入普通帧。

（2）在"时间轴"面板中创建新图层并将其命名为"手表"。将"库"面板中的位图"02"拖曳到舞台窗口中，并放置在适当的位置，如图 8-85 所示。

（3）在"时间轴"面板中创建新图层并将其命名为"高光"。将"库"面板中的影片剪辑元件"高光动"拖曳到舞台窗口中。选择"任意变形"工具 ，旋转"高光动"实例并将其拖曳到适当的位置，如图 8-86 所示。

图 8-84

图 8-85

图 8-86

（4）选择"选择"工具 ，选中舞台窗口中的"高光动"实例，在"属性"面板"对象"选项卡中，选择"色彩效果"选项组，在样式下拉列表中选择"Alpha"选项，将其值设为 20，如图 8-87 所示，舞台窗口中的效果如图 8-88 所示。

（5）在"时间轴"面板中创建新图层并将其命名为"圆形"。选中"圆形"图层的第 1 帧，选择"椭圆"工具 ，在工具箱中将笔触颜色设为无，填充颜色设为白色，按住 Shift 键的同时，在舞台窗口中绘制 1 个圆形，如图 8-89 所示。

（6）用鼠标右键单击"圆形"图层，在弹出的快捷菜单中选择"遮罩层"命令，将"圆形"图层设为遮罩层，"高光"图层设为被遮罩层，如图 8-90 所示，舞台窗口中的效果如图 8-91 所示。

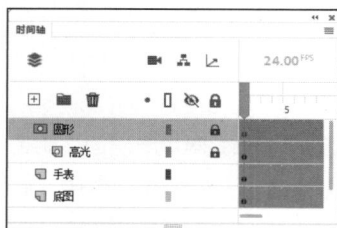

图 8-87

图 8-88

图 8-89

图 8-90

图 8-91

（7）在"时间轴"面板中创建新图层并将其命名为"文字 1"。选择"文本"工具**T**，在文本工具"属性"面板中进行设置，在舞台窗口中适当的位置输入"大小"为 30、字体为"方正兰亭黑简体"的白色文字，文字效果如图 8-92 所示。

（8）在"时间轴"面板中创建新图层并将其命名为"遮罩 1"。选择"矩形"工具■，在工具箱中将笔触颜色设为无，填充颜色设为橘黄色（#FFCC00），在舞台窗口中绘制 1 个矩形，如图 8-93 所示。

（9）选中"遮罩 1"图层的第 15 帧，按 F6 键，插入关键帧。选择"任意变形"工具，在矩形周围出现控制点，按住 Alt 键的同时，选中矩形右侧中间的控制点，向右拖曳到适当的位置，改变矩形的宽度，效果如图 8-94 所示。

图 8-92

图 8-93

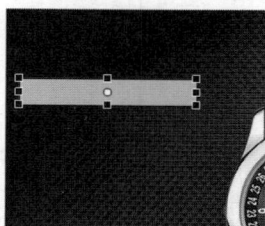

图 8-94

（10）用鼠标右键单击"遮罩 1"图层的第 1 帧，在弹出的快捷菜单中选择"创建补间形状"命令，生成形状补间动画，如图 8-95 所示。用鼠标右键单击"遮罩 1"图层，在弹出的快捷菜单中选择"遮罩层"命令，将"遮罩 1"图层设为遮罩层，"文字 1"图层设为被遮罩层，如图 8-96 所示。

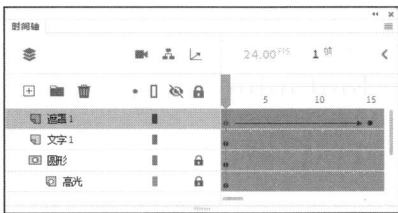

图 8-95

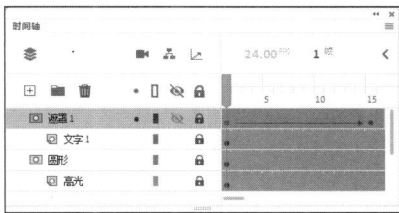

图 8-96

（11）在"时间轴"面板中创建新图层并将其命名为"文字 2"。选中"文字 2"图层的第 15 帧，按 F6 键，插入关键帧。选择"文本"工具 **T**，在"属性"面板"工具"选项卡中进行设置，在舞台窗口中适当的位置输入"大小"为 95、字体为"汉仪菱心体简"的金色（#E3A378）文字，文字效果如图 8-97 所示。

（12）在"时间轴"面板中创建新图层并将其命名为"遮罩 2"。选中"遮罩 2"图层的第 15 帧，按 F6 键，插入关键帧。选择"矩形"工具 ■，在工具箱中将笔触颜色设为无，填充颜色设为橘黄色（#FFCC00），在舞台窗口中绘制 1 个矩形，如图 8-98 所示。

（13）选中"遮罩 2"图层的第 30 帧，按 F6 键，插入关键帧。选择"任意变形"工具 ▷，在矩形周围出现控制点，在按住 Alt 键的同时，选中矩形右侧中间的控制点，向右拖曳到适当的位置，改变矩形的宽度，效果如图 8-99 所示。

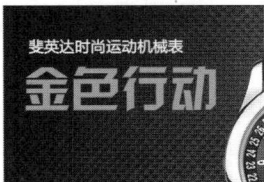

图 8-97

图 8-98

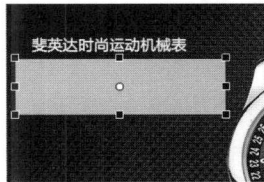

图 8-99

（14）用鼠标右键单击"遮罩 2"图层的第 15 帧，在弹出的快捷菜单中选择"创建补间形状"命令，生成形状补间动画。用鼠标右键单击"遮罩 2"图层，在弹出的快捷菜单中选择"遮罩层"命令，将"遮罩 2"图层设为遮罩层，"文字 2"图层设为被遮罩层。

（15）在"时间轴"面板中创建新图层并将其命名为"文字 3"。选中"文字 3"图层的第 30 帧，按 F6 键，插入关键帧。将"库"面板中的图形元件"文字"拖曳到舞台窗口中，并放置在适当的位置，如图 8-100 所示。

（16）选中"文字 3"图层的第 40 帧，按 F6 键，插入关键帧。选中"文字 3"图层的第 30 帧，在舞台窗口中将"文字"实例垂直向下拖曳到适当的位置，如图 8-101 所示。在"属性"面板"对象"选项卡中，选择"色彩效果"选项组，在样式下拉列表中选择"Alpha"选项，将其值设为 0，效果如图 8-102 所示。

图 8-100

图 8-101

图 8-102

（17）用鼠标右键单击"文字 3"图层的第 30 帧，在弹出的快捷菜单中选择"创建传统补间"命令，生成传统补间动画。

（18）在"时间轴"面板中创建新图层并将其命名为"价位"。选中"价位"图层的第 30 帧，按 F6 键，插入关键帧。将"库"面板中的图形元件"价位"拖曳到舞台窗口中，并放置在适当的位置，如图 8-103 所示。

（19）选中"价位"图层的第 40 帧，按 F6 键，插入关键帧。选中"价位"图层的第 30 帧，在舞台窗口中选中"价位"实例，在"属性"面板"对象"选项卡中，选择"色彩效果"选项组，在样式下拉列表中选择"Alpha"选项，将其值设为 0，如图 8-104 所示，舞台窗口中的效果如图 8-105 所示。

| 图 8-103 | 图 8-104 | 图 8-105 |

（20）用鼠标右键单击"价位"图层的第 30 帧，在弹出的快捷菜单中选择"创建传统补间"命令，生成传统补间动画。

（21）在"时间轴"面板中创建新图层并将其命名为"点击抢购"。选中"点击抢购"图层的第 40 帧，按 F6 键，插入关键帧。将"库"面板中的按钮元件"点击抢购"拖曳到舞台窗口中，并放置在适当的位置，如图 8-106 所示。

（22）选中"点击抢购"图层的第 50 帧，按 F6 键，插入关键帧。选中"点击抢购"图层的第 40 帧，在舞台窗口中将"点击抢购"实例垂直向下拖曳到适当的位置，如图 8-107 所示。在"属性"面板"对象"选项卡中，选择"色彩效果"选项组，在样式下拉列表中选择"Alpha"选项，将其值设为 0，效果如图 8-108 所示。

| 图 8-106 | 图 8-107 | 图 8-108 |

（23）用鼠标右键单击"点击抢购"图层的第 40 帧，在弹出的快捷菜单中选择"创建传统补间"命令，生成传统补间动画。至此，手表广告主图制作完成，按 Ctrl+Enter 组合键，即可查看效果。

项目实践 ——制作化妆品广告主图动画

🔗 实践知识要点

使用椭圆工具和矩形工具制作形状动画，使用"创建补间形状"命令和"创建传统补间"命令制作补间动画，使用"遮罩层"命令制作遮罩动画。化妆品广告主图动画效果如图 8-109 所示。

图 8-109

微课

制作化妆品广告
主图动画

◎ 效果所在位置

云盘/Ch08/效果/制作化妆品广告主图动画.fla。

课后习题 ——制作秋分节气海报

🔗 习题知识要点

使用"导入到库"命令导入素材并制作图形元件，使用钢笔工具绘制动画运动路径，使用"添加传统运动引导层"命令制作引导动画。秋分节气海报效果如图 8-110 所示。

图 8-110

微课

制作秋分节气
海报

◎ 效果所在位置

云盘/Ch08/效果/制作秋分节气海报.fla。

09

项目 9
声音的导入和编辑

项目导入 ⠿

  在 Animate 2020 中可以导入外部的声音素材作为动画的背景音乐或音效。本项目主要讲解声音文件的多种格式，以及导入声音和编辑声音的方法。通过学习本项目的内容，学生可以了解并掌握如何导入声音、编辑声音，从而使制作的动画音效更加生动。

项目目标 ⠿

✔ 掌握导入声音的方法和技巧。
✔ 掌握编辑声音的方法和技巧。

技能目标 ⠿

✔ 能够添加图片按钮音效。

素养目标 ⠿

✔ 加深对中华优秀传统文化的热爱。

任务 9.1　了解音频的基本知识及声音文件格式

在自然界中，声音以波的形式在空气中传播，声音的频率单位是赫兹（Hz），一般人听到的声音频率范围为 20 Hz ~ 20 kHz，频率低于 20 Hz 的声音为次声波，频率高于 20 kHz 的声音为超声波。下面介绍音频的基本知识及声音文件格式。

9.1.1　音频的基本知识

1.取样率

取样率是指在进行数字录音时，单位时间内对模拟的音频信号进行样本提取的次数。取样率越高，声音的质量越高。Animate 经常使用 44 kHz、22 kHz 或 11 kHz 的取样率对声音进行取样。例如，使用 22 kHz 的取样率取样的声音，每秒要对声音进行 22000 次分析，并记录每两次分析结果的差值。

2.位分辨率

位分辨率是指描述每个音频取样点的位数。例如，8 位的声音取样表示 2 的 8 次方（256）级。可以将较高位分辨率的声音转换为较低位分辨率的声音。

3.压缩率

压缩率是指文件压缩前后大小的比例，用于描述数字声音的压缩效率。

9.1.2　声音文件格式

Animate 2020 提供了许多使用声音的方式，它可以使声音独立于时间轴连续播放，或使动画和一个音轨同步播放；也可以向按钮添加声音，使按钮具有更强的互动性；还可以通过声音淡入和淡出产生更优美的声音效果。下面介绍可导入 Flash 中的常见的声音文件格式。

1.WAV 格式

WAV 格式可以直接保存声音波形的取样数据，数据没有经过压缩，所以音质较好，但 WAV 格式的声音文件通常体积比较大，会占用较多的磁盘空间。

2.MP3 格式

MP3 格式是一种压缩的声音文件格式。MP3 格式的文件大小通常只有 WAV 格式的文件大小的十分之一。该格式文件的优点为体积小、传输方便、声音质量较好，因此该格式已经作为计算机和网络的主要音乐格式被广泛使用。

3.AIFF 格式

AIFF 格式支持 MAC 平台，支持 16 位、44 kHz 立体声。只有在系统上安装了 QuickTime 4 或其更高版本，才可使用此声音文件格式。

4.AU 格式

AU 格式是一种压缩声音文件格式，只支持 8 位的声音，是互联网上常用的声音文件格式。只有在系统上安装了 QuickTime 4 或其更高版本，才可使用此声音文件格式。

声音要占用大量的磁盘空间和内存，所以，一般为提高作品在网上的下载速度，常使用 MP3 声音文件格式，因为该格式的声音文件经过了压缩，比 WAV 或 AIFF 格式的文件大小小。在 Flash 中只能导入取样率为 11 kHz、22 kHz 或 44 kHz 的 8 位或 16 位的声音。通常，在想要作品在网上有较满意的下载速度但使用的是 WAV 或 AIFF 文件时，最好使用 16 位、22 kHz 单声。

| 任务 9.2 | 掌握导入并编辑声音素材 |

导入声音素材后，可以将其直接应用到动画作品中，也可以先通过声音编辑器对其进行编辑，再对其进行应用。

9.2.1　添加声音

选择"文件 > 打开"命令，弹出"打开"对话框，在该对话框中选择云盘中的"基础素材 > Ch09 > 01"文件，单击"打开"按钮，打开的文件如图 9-1 所示。选择"文件 > 导入 > 导入到库"命令，在"导入到库"对话框中，选择云盘中的"基础素材 > Ch09 > 02"文件，单击"打开"按钮，将声音文件导入"库"面板中，如图 9-2 所示。

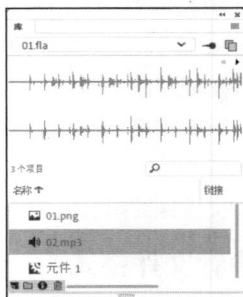

图 9-1

图 9-2

选中"底图"图层的第 25 帧，按 F5 键，插入普通帧，如图 9-3 所示。单击"时间轴"面板上方的"新建图层"按钮⊞，创建新图层并将其命名为"音乐"，如图 9-4 所示。

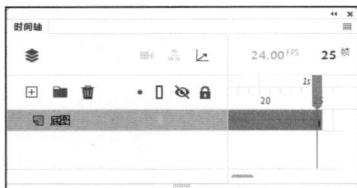

图 9-3

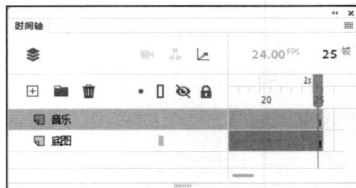

图 9-4

在"库"面板中选中声音文件，按住鼠标左键不放，将声音文件拖曳到舞台窗口中，效果如图 9-5 所示。松开鼠标左键，在"音乐"图层中出现声音文件的波形，如图 9-6 所示。至此，声音添加完成，按 Ctrl+Enter 组合键，测试添加效果。

图 9-5

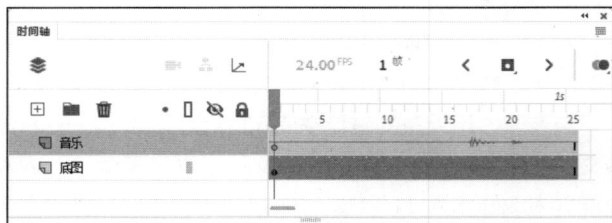

图 9-6

> **提示**　一般情况下，可以将每个声音放在一个独立的图层上，使每个图层都作为一个独立的声音通道，这样在播放动画时，所有图层上的声音就混合在一起了。

9.2.2　"属性"面板

在"时间轴"面板中选中声音文件所在图层的第 1 帧，按 Ctrl+F3 组合键，弹出"属性"面板，如图 9-7 所示，其中"声音"选项组中的各选项的作用如下。

"名称"下拉列表：可以在其中选择"库"面板中的声音文件。

"效果"下拉列表：可以在其中选择声音播放的效果，如图 9-8 所示。其中各选项的作用如下。

图 9-7

▶　"无"选项：选择此选项，将不对声音文件应用效果。选择此选项后可以删除以前应用于声音的特效。

▶　"左声道"选项：选择此选项，只在左声道播放声音。

▶　"右声道"选项：选择此选项，只在右声道播放声音。

▶　"向右淡出"选项：选择此选项，声音从左声道渐变到右声道。

▶　"向左淡出"选项：选择此选项，声音从右声道渐变到左声道。

▶　"淡入"选项：选择此选项，在声音的持续时间内逐渐增加其音量。

▶　"淡出"选项：选择此选项，在声音的持续时间内逐渐减小其音量。

▶　"自定义"选项：选择此选项，弹出"编辑封套"对话框，在该对话框中可以通过自定义声音的淡入和淡出点来创建自己的声音效果。

"编辑声音封套"按钮 ◀️：单击此按钮，弹出"编辑封套"对话框，在该对话框中可以通过自定义声音的淡入和淡出点来创建自己的声音效果。

"同步"下拉列表：用于选择何时播放声音，如图 9-9 所示，其中各选项的作用如下。

图 9-8

图 9-9

▶　"事件"选项：将声音和发生的事件同步播放。事件声音在它的起始关键帧开始显示时播放，并独立于时间轴播放完整个声音，即使影片文件停止声音也继续播放。当播放发布的 SWF 影片文件时，事件与声音混合在一起。一般情况下，当用户单击一个按钮播放声音时选择事件声音。如果事件声音正在播放，而声音再次被实例化（如用户再次单击按钮），则第一个声音实例继续播放，第二个声音实例同时开始播放。

⯈ "开始"选项：作用与"事件"选项的作用相近，但如果所选择的声音实例已经在时间轴的其他地方播放，则不会播放新的声音实例。

⯈ "停止"选项：使指定的声音静音。在时间轴上同时播放多个声音时，可指定其中一个为静音。

⯈ "数据流"选项：使声音同步，以便在 Web 站点上播放。Animate 强制动画和音频流同步。换句话说，音频流随动画的播放而播放，随动画的结束而结束。当发布 SWF 文件时，音频流混合在一起。一般给帧添加声音时选择此选项。音频流的播放长度不会超过它所占帧的长度。

> **提示**
>
> 在 Animate 中有两种类型的声音：事件声音和音频流。事件声音必须完全下载后才能开始播放，并且除非明确停止，否则它将连续播放。音频流则可以在前几帧下载了足够的资料后就开始播放，音频流可以和时间轴同步，以便在 Web 站点上播放。

"重复"选项：用于指定声音循环的次数。可以在选项后的文本框中设置循环次数。

"循环"选项：用于循环播放声音。一般情况下，不循环播放音频流。如果将音频流设为循环播放，帧就会添加到文件中，文件的大小就会根据声音循环播放的次数而倍增。

任务实践——添加图片按钮音效

任务学习目标

使用声音文件为图片按钮添加音效。

任务知识要点

使用"导入到库"命令导入声音文件为多个图片按钮添加声音，使用"对齐"面板将图片按钮进行对齐。添加图片按钮音效的效果如图 9-10 所示。

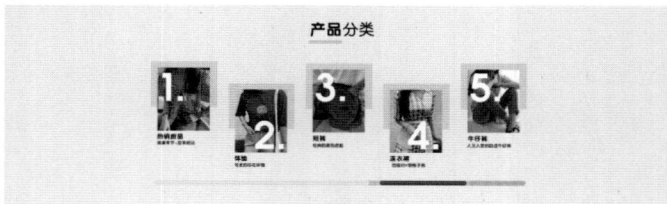

图 9-10

微课

添加图片按钮
音效

效果所在位置

云盘/Ch09/效果/添加图片按钮音效.fla。

1. 导入素材并编辑元件

（1）选择"文件 > 打开"命令，在弹出的"打开"对话框中，选择云盘中的"Ch09 > 素材 > 添

加图片按钮音效 > 01"文件，单击"打开"按钮，打开的文件如图 9-11 所示。

（2）选择"文件 > 导入 > 导入到库"命令，在弹出的"导入到库"对话框中，选择云盘中的"Ch09 > 素材 > 添加图片按钮音效 > 02"文件，单击"打开"按钮，声音文件被导入"库"面板中，如图 9-12 所示。

图 9-11

图 9-12

（3）双击"库"面板中按钮元件"按钮 1"前面的图标，舞台转换到"按钮 1"元件的舞台窗口，如图 9-13 所示。单击"时间轴"面板上方的"新建图层"按钮⊞，创建新图层并将其命名为"音乐"，如图 9-14 所示。

图 9-13

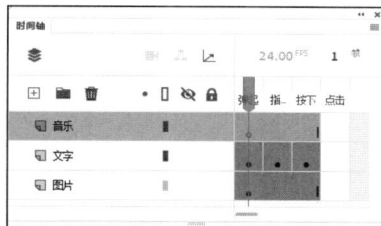
图 9-14

（4）选中"音乐"图层的"指针经过"帧，按 F6 键，插入关键帧。将"库"面板中的声音文件"02.wav"拖曳到舞台窗口中，在"指针经过"帧中出现声音文件的波形，这表示当动画开始播放，鼠标指针经过按钮时，按钮将响应音效，"时间轴"面板如图 9-15 所示。选中"音乐"图层的"按下"帧，按 F7 键，插入空白关键帧，如图 9-16 所示。用相同的方法分别给按钮元件"按钮 2""按钮 3""按钮 4""按钮 5"添加音效。

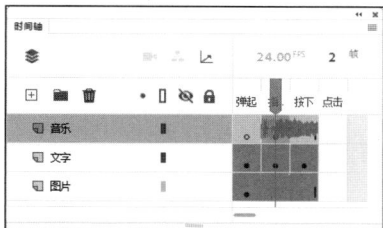
图 9-15

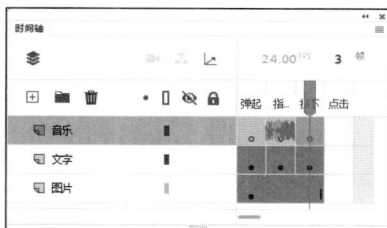
图 9-16

2. 制作动画效果

（1）单击舞台窗口左上方的图标 ←，进入"场景 1"的舞台窗口。单击"时间轴"面板上方的

"新建图层"按钮 ⊞，创建新图层并将其命名为"按钮"。将"库"面板中的按钮元件"按钮 1"拖曳到舞台窗口中，如图 9-17 所示。用相同的方法分别将"库"面板中的按钮元件"按钮 2""按钮 3""按钮 4""按钮 5"依次拖曳到舞台窗口中，效果如图 9-18 所示。

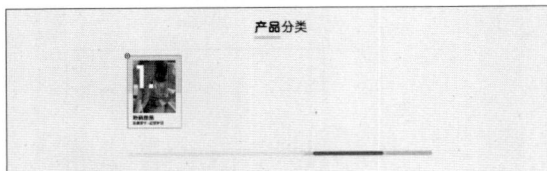

图 9-17

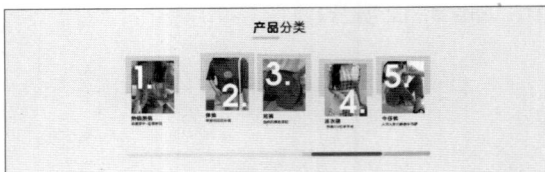

图 9-18

（2）在"时间轴"面板中单击"按钮"图层，将该图层中的对象全部选中，如图 9-19 所示。按 Ctrl+K 组合键，弹出"对齐"面板，单击"顶对齐"按钮 ，设置选取的按钮实例上端对齐，效果如图 9-20 所示；单击"水平居中分布"按钮 ，设置选取的按钮实例在纵向上中心间距相等，效果如图 9-21 所示。

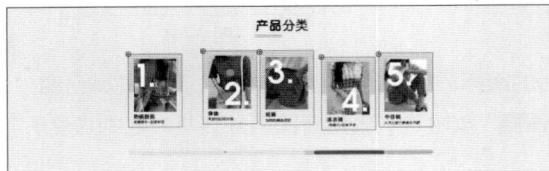

图 9-19

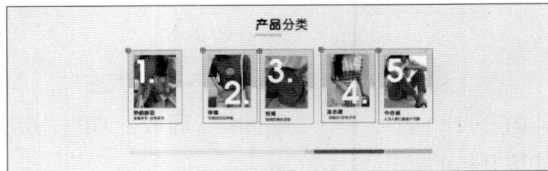

图 9-20

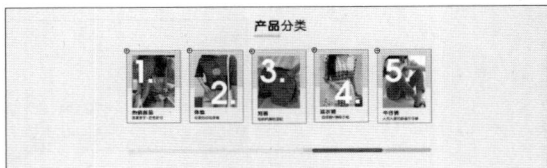

图 9-21

（3）选择"选择"工具 ，按住 Shift 键的同时，在舞台窗口中选中需要的按钮实例，如图 9-22 所示，按向下的方向键，将其向下移动到适当的位置，效果如图 9-23 所示。至此，添加图片按钮音效完成，按 Ctrl+Enter 组合键即可查看效果。

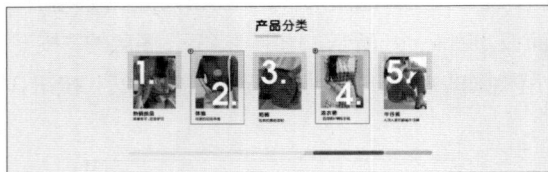

图 9-22

图 9-23

项目实践 ——制作旅游类公众号首图

实践知识要点

使用"导入到库"命令导入素材文件，使用文本工具和"新建元件"命令制作图形元件，使用"创建补间形状"命令和"遮罩"命令制作文字动画效果，使用"属性"面板调整音乐文件的播放方式。旅游类公众号首图效果如图 9-24 所示。

图 9-24

微课

制作旅游类
公众号首图

效果所在位置

云盘/Ch09/效果/制作旅游类公众号首图.fla。

课后习题——制作夏至节气海报

习题知识要点

使用"导入到库"命令和"新建元件"命令导入素材并制作图形元件，使用"创建传统补间"命令制作传统补间动画，使用"导入到库"命令添加声音。夏至节气海报效果如图 9-25 所示。

图 9-25

微课

制作夏至节气
海报

效果所在位置

云盘/Ch09/效果/制作夏至节气海报.fla。

10

项目 10
动作脚本应用基础

项目导入

在 Animate 2020 中，要实现一些复杂多变的动画效果就要使用动作脚本，即可以通过使用不同的动作脚本来实现高难度的动画制作。通过学习本项目的内容，学生可以了解并掌握如何使用不同的动作脚本来实现复杂多变的动画效果。

项目目标

- 了解数据类型。
- 掌握语法规则。
- 掌握变量和函数的相关内容。
- 掌握表达式和运算符的相关内容。

技能目标

- 能够制作系统时钟。

素养目标

- 提高编程能力。

任务 了解动作脚本的使用

和其他语言脚本相同，Animate 的动作脚本依照自己的语法规则，保留关键字、提供运算符，并且允许使用变量存储和获取信息。动作脚本包含内置的对象和函数，并且允许用户创建自己的对象和函数。动作脚本一般由语句、函数和变量组成，主要涉及数据类型、语法规则、变量、函数、表达式和运算符等相关内容。

1. 数据类型

数据类型描述了动作脚本的变量或元素可以包含的信息种类。动作脚本有 2 种数据类型：原始数据类型和引用数据类型。原始数据类型是指 String、Number 和 Boolean，它们拥有固定类型的值，因此可以包含它们所代表元素的实际值。引用数据类型是指 Movie Clip 和 Cbject，它们值的类型是不固定的，因此它们包含对它们所代表元素的实际值的引用。

下面将介绍各种数据类型。

（1）String（字符串）

字符串是由字母、数字和标点符号等字符组成的序列。字符串必须用一对双引号标记。字符串被当作字符而不是变量进行处理。

例如，在下面的语句中，"L7" 是一个字符串。

```
favoriteBand = "L7";
```

（2）Number（数字型）

数字型变量是指数字的算术值，要进行正确的数学运算必须使用数字型数据。可以使用算术运算符加（+）、减（−）、乘（*）、除（/）、求模（%）、递增（++）和递减（−−）来处理数字型变量，也可以使用内置的 Math 对象的方法处理数字型变量。

例如，使用 sqrt()（平方根）方法返回数字 100 的平方根的语句如下。

```
Math.sqrt(100);
```

（3）Boolean（布尔型）

值为 true 或 false 的变量被称为布尔型变量。动作脚本会在需要时将值 true 和 false 转换为 1 和 0。在确定"是/否"的情况下，布尔型变量是非常有用的。在进行比较以控制脚本流的动作脚本语句中，布尔型变量经常与逻辑运算符一起使用。

例如，在下面的动作脚本中，如果变量 userName 和 password 为 true，则会播放该 SWF 文件。

```
onClipEvent (enterFrame) {
if (userName == true && password == true){
play( );
}
}
```

（4）Movie Clip（影片剪辑型）

影片剪辑元件是 Animate 影片中可以播放动画的元件，影片剪辑型是唯一引用图形元素的数据类型。Flash 中的每个影片剪辑元件都是一个影片剪辑型对象，它们拥有影片剪辑型对象中定义的方法和属性。通过点运算符（.）可以调用影片剪辑元件内部的属性和方法。

例如以下调用。

```
my_mc.startDrag(true);
parent_mc.getURL("http://www.******media.com/support/" + product);
```

（5）Object（对象型）

对象型指所有使用动作脚本创建的基于对象的代码。对象是属性的集合，每个属性都拥有自己的名称和值，属性的值的类型可以是任何 Animate 数据类型，甚至可以是对象数据类型。通过点运算符可以引用对象中的属性。

例如，在下面的代码中，hoursWorked 是 weeklyStats 的属性，而 weeklyStats 是 employee 的属性。

```
employee.weeklyStats.hoursWorked
```

（6）Null（空值）

空值数据只有一个，即 null。这意味着没有值，即缺少数据。null 可以用在各种情况下，如作为函数的返回值、表明函数没有可以返回的值、表明变量还没有接收到值、表明变量不再包含值等。

（7）Undefined（未定义）

未定义的数据只有一个，即 undefined，它用于表示尚未分配值的变量。如果一个函数引用了未在其他地方定义的变量，那么 Animate 将返回未定义数据。

2. 语法规则

动作脚本拥有自己的一套语法规则，下面将进行介绍。

（1）点运算符

在动作脚本中，点运算符（.）可以用于标识与对象或影片剪辑相关联的属性或方法，也可以用于标识影片剪辑或变量的目标路径。点运算符表达式以影片剪辑或对象的名称开始，中间是点运算符，最后是要指定的元素。

例如，_x 影片剪辑属性指示影片剪辑在舞台上的 x 轴位置，而表达式 ballMC._x 则引用了影片剪辑实例 ballMC 的 _x 属性。

又如，submit 是 form 影片剪辑中设置的变量，此影片剪辑嵌套在影片剪辑 shoppingCart 之中，表达式 shoppingCart.form.submit = true 将影片剪辑实例 form 的 submit 变量设置为 true。

无论是表达对象的方法还是表达影片剪辑的方法，均遵循同样的顺序。例如，ball_mc 影片剪辑实例的 play() 方法在 ball_mc 的时间轴中移动播放头的语句如下所示。

```
ball_mc.play( );
```

点语法使用两个特殊别名——_root 和 _parent。别名 _root 是指主时间轴，可以使用 _root 别名创建一个绝对目标路径。例如，下面的语句调用主时间轴上影片剪辑 functions 中的函数 buildGameBoard()。

```
_root.functions.buildGameBoard( );
```

可以使用别名 _parent 引用当前对象嵌入的影片剪辑，也可以使用别名_parent 创建相对目标路径。例如，如果影片剪辑 dog_mc 嵌入影片剪辑 animal_mc 的内部，则使用实例 dog_mc 的如下语句会指示 animal_mc 停止。

```
_parent.stop( );
```

（2）界定符

① 花括号。动作脚本中的语句被花括号包围起来组成语句块，如下所示。

```
// 事件处理函数
public Function myDate( ){
Var myDate:Date = new Date( );
currentMonth = myDate.getMonth( );
}
```

② 分号。动作脚本中的语句可以由一个分号结尾，如下所示。

```
var column = passedDate.getDay( );
var row = 0;
```

③ 圆括号。在定义函数时，任何参数定义都必须放在一对圆括号内，如下所示。

```
function myFunction (name, age, reader){
}
```

在调用函数时，需要被传递的参数也必须放在一对圆括号内，如下所示。

```
myFunction ("Steve", 10, true);
```

可以使用圆括号改变动作脚本的优先顺序或增强程序的易读性。

（3）注释

在"动作"面板中，使用注释语句可以在一个帧或按钮的脚本中添加说明，有利于增加程序的易读性。注释语句以双斜线 // 开始，斜线显示为灰色。注释内容可以不考虑长度和语法，注释语句不会影响 Flash 动画输出时的文件大小。例如，下列脚本中使用了注释。

```
public Function myDate( ){
  // 创建新的 Date 对象
var myDate:Date = new Date( );
currentMonth = myDate.getMonth( );
  // 将月份数转换为月份名称
 monthName = calcMonth(currentMonth);
 year = myDate.getFullYear( );
 currentDate = myDate.getDate( );
}
```

3. 变量

变量是包含信息的容器。容器本身不会改变，但其内容可以更改。第一次定义变量时，最好为变量定义一个已知值，即进行变量初始化，通常在 SWF 文件的第 1 帧中完成。每一个影片剪辑对象都有自己的变量，而且不同的影片剪辑对象中的变量相互独立、互不影响。

变量中可以存储的常见信息类型包括 URL（Uniform Resource Locator，统一资源定位符）、用户名、数字运算的结果、事件发生的次数等。

为变量命名必须遵循以下规则。

（1）变量名在其作用范围内必须是唯一的。

（2）变量名不能是关键字或布尔型变量（true 或 false）。

（3）变量名必须以字母或下画线开始，由字母（不区分大小写）、数字、下画线组成，其间不能包含空格。

变量的作用范围是指变量在其中已知并且可以引用的区域。根据变量的作用范围的不同，变量可分为 3 种类型。

（1）本地变量

本地变量在声明它们的函数体（由花括号决定）内可用。本地变量的使用范围只限于它存在的代码块，会在该代码块结束时到期，其余的本地变量会在脚本结束时到期。若要声明本地变量，可以在函数体内部使用 var 语句。

（2）时间轴变量

时间轴变量可用于时间轴上的任意脚本。要声明时间轴变量，应先在时间轴的所有帧上都初始化这些变量，再尝试在脚本中访问它。

（3）全局变量

全局变量对于文档中的每个时间轴和范围均可见。如果要创建全局变量，可以在变量名称前使用_global 标识符，不使用 var 语句。

4. 函数

函数是用来对常量、变量等进行某种运算（如产生随机数、进行数值运算、获取对象属性等）的方法。函数是一个动作脚本代码块，它可以在影片中的任何位置上重新使用。如果将某些值作为参数传递给函数，则函数将对这些值进行操作。函数可以返回值。

调用函数的好处是可以用一行代码来代替一个可执行的代码块。函数可以执行多个动作，并为它们传递可选项。函数必须具有唯一的名称，以便识别代码访问的是哪一个函数。

Animate 具有内置的函数，这些函数可以访问特定的信息或执行特定的任务，例如，获得 Flash 播放器的版本号等。属于对象的函数叫作方法，不属于对象的函数叫作顶级函数，可以在"动作"面板的"函数"选项中找到。

每个函数都具备自己的特性，而且某些函数需要传递特定的值。如果传递的参数多于函数需要的值，多余的值将被忽略；如果传递的参数少于函数需要的值，空的参数会被指定为未定义数据类型的值，在导出脚本时，这可能会导致出现错误。如果要调用函数，该函数必须存在于播放头到达的帧中。

动作脚本提供了自定义函数的方法，用户可以自行定义函数的参数与返回结果。在主时间轴上或影片剪辑时间轴的关键帧中添加函数，就是在定义函数。所有的函数都有目标路径。所有的函数的名称后都需要添加一对括号，但括号中是否添加参数是可选的。一旦定义了函数，就可以在任何一个时间轴中调用它，包括加载的 SWF 文件的时间轴。

5. 表达式和运算符

表达式是由常量、变量、函数和运算符按照运算法则组成的计算式。运算符是表示对数值、字符串、逻辑值进行运算的关系符号。运算符有很多种类，包括数值运算符、字符串运算符、比较运算符、逻辑运算符、位运算符和赋值运算符等。

（1）算术运算符及表达式

算术表达式是对数值进行运算的表达式。它由数值、以数值为结果的函数和算术运算符组成，运算结果是数值或逻辑值。

在 Flash 中可以使用如下算术运算符。

+ 、− 、* 、/：执行加、减、乘、除运算。

= 、<>：比较两个数值是否相等、不相等。

< 、<= 、>、>=：比较运算符前面的数值是否小于、小于或等于、大于、大于或等于后面的数值。

（2）字符串运算符及表达式

字符串表达式是对字符串进行运算的表达式。它由字符串、以字符串为结果的函数和字符串运算符组成，运算结果是字符串或逻辑值。

在 Flash 中可以使用如下字符串运算符。

&：连接运算符两边的字符串。

Eq 、Ne：判断运算符两边的字符串是否相等、不相等。

Lt 、Le 、Qt 、Qe：判断运算符左边字符串的 ASCII（ American Standard Code for Information Interchange，美国信息交换标准代码 ）值是否小于、小于或等于、大于、大于或等于右边字符串的 ASCII 值。

（3）逻辑表达式

逻辑表达式是对正确、错误结果进行判断的表达式。它由逻辑值、以逻辑值为结果的函数、以逻辑值为结果的算术或字符串表达式和逻辑运算符组成，运算结果是逻辑值。

（4）位运算符

位运算符用于处理浮点数。运算时先将操作数转化为 32 位的二进制数，然后对每个操作数分别按位进行运算，运算后将二进制的结果按照 Flash 的数值类型返回。

动作脚本的位运算符包括：

&（位与）、/（位或）、^（位异或）、~（位非）、<<（左移位）、>>（右移位）、>>>(填 0 右移位)等。

（5）赋值运算符

赋值运算符的作用是为变量、数组元素或对象的属性赋值。

任务实践——制作系统时钟

✍ 任务学习目标

使用脚本语言控制动画播放。

🔒 任务知识要点

使用影片剪辑元件和"动作"面板完成动画效果的制作。

系统时钟效果如图 10-1 所示。

微课

制作系统时钟

图 10-1

◉ 效果所在位置

云盘/Ch10/效果/制作系统时钟.fla。

1. 导入素材创建元件

（1）选择"文件 > 新建"命令，弹出"新建文档"对话框，在"详细信息"选项组中，将"宽"设为 1181，"高"设为 1181，在"平台类型"下拉列表中选择"ActionScript 3.0"选项，单击"创建"按钮，完成文档的创建。

（2）选择"文件 > 导入 > 导入到库"命令，在弹出的"导入到库"对话框中，选择云盘中的"Ch10 > 素材 > 制作系统时钟 > 01 ~ 05"文件，单击"打开"按钮，文件被导入"库"面板中，如图 10-2 所示。

（3）按 Ctrl+F8 组合键，弹出"创建新元件"对话框，在"名称"文本框中输入"时针"，在"类型"下拉列表中选择"影片剪辑"选项，单击"确定"按钮，新建影片剪辑元件"时针"，如图 10-3 所示。舞台窗口也随之转换为影片剪辑元件的舞台窗口。将"库"面板中的位图"02.png"拖曳到舞台窗口中，并放置在适当的位置，如图 10-4 所示。

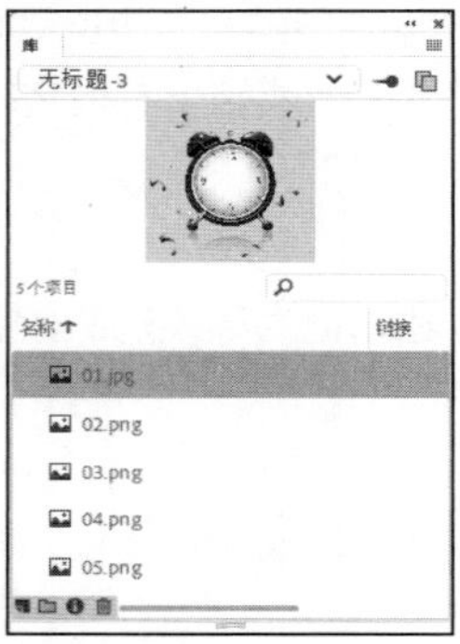

图 10-2　　　　　　　　　　图 10-3 　　　　　　　　　　图 10-4

（4）在"库"面板中新建一个影片剪辑元件"分针"，舞台窗口也随之转换为影片剪辑元件的舞台窗口。将"库"面板中的位图"03.png"拖曳到舞台窗口中，并放置在适当的位置，如图 10-5 所示。

（5）在"库"面板中新建一个影片剪辑元件"秒针"，如图 10-6 所示。舞台窗口也随之转换为影片剪辑元件的舞台窗口。将"库"面板中的位图"04.png"拖曳到舞台窗口中，并放置在适当的位置，如图 10-7 所示。

图 10-5 　　　　　　　　　　图 10-6 　　　　　　　　　　图 10-7

2. 确定指针位置

（1）单击舞台窗口左上方的图标 ←，进入"场景 1"的舞台窗口。将"图层_1"重命名为"底图"。将"库"面板中的位图"01.jpg"拖曳到舞台窗口的中心位置，效果如图 10-8 所示。

（2）在"时间轴"面板中创建新图层并将其命名为"时针"。将"库"面板中的影片剪辑元件"时针"拖曳到舞台窗口中，并放置在适当的位置，如图 10-9 所示。保持实例的选取状态，在"属性"面板"对象"选项卡中的"实例名称"文本框中输入"hour_mc"，如图 10-10 所示。

图 10-8

图 10-9   图 10-10

（3）在"时间轴"面板中创建新图层并将其命名为"分针"。将"库"面板中的影片剪辑元件"分针"拖曳到舞台窗口中，并放置在适当的位置，如图 10-11 所示。保持实例的选取状态，在"属性"面板"对象"选项卡中的"实例名称"文本框中输入"minute_mc"，如图 10-12 所示。

图 10-11

图 10-12

（4）在"时间轴"面板中创建新图层并将其命名为"秒针"。将"库"面板中的影片剪辑元件"秒针"拖曳到舞台窗口中，并放置在适当的位置，如图 10-13 所示。保持实例的选取状态，在"属性"面板"对象"选项卡中的"实例名称"文本框中输入"second_mc"，如图 10-14 所示。

（5）在"时间轴"面板中创建新图层并将其命名为"装饰"。将"库"面板中的位图"05.png"拖曳到舞台窗口中，并放置在适当的位置，如图 10-15 所示。

图 10-13

图 10-14

图 10-15

（6）在"时间轴"面板中创建新图层并将其命名为"动作脚本"。选中"动作脚本"图层的第 1 帧，按 F9 键，弹出"动作"面板，在"动作"面板中设置脚本语言，"脚本窗口"中显示的效果如图 10-16 所示。至此，系统时钟制作完成，效果如图 10-17 所示，按 Ctrl+Enter 组合键即可查看。

图 10-16

图 10-17

项目实践 ——制作漫天飞雪效果

实践知识要点

使用椭圆工具和"颜色"面板绘制雪花图形，使用"动作"面板添加脚本语言。漫天飞雪效果如图 10-18 所示。

效果所在位置

云盘/Ch10/效果/制作漫天飞雪效果.fla。

微课
制作漫天飞雪效果

图 10-18

课后习题 ——制作箱包 App 主页 Banner

习题知识要点

使用椭圆工具和"颜色"面板绘制鼠标跟随图形，使用"动作"面板添加脚本语言。箱包 App 主页 Banner 效果如图 10-19 所示。

图 10-19

微课
制作箱包 App 主页 Banner

效果所在位置

云盘/Ch10/效果/制作箱包 App 主页 Banner.fla。

项目 11
组件和动画预设

11

项目导入 ⠿

在 Animate 2020 中，系统预先设定了组件和动画预设功能来协助用户制作动画，从而提高制作效率。本项目主要讲解组件、动画预设的使用方法。通过学习本项目的内容，学生可以了解并掌握如何应用动画预设功能，高效地完成动画制作。

项目目标 ⠿

- ✔ 了解组件及组件的设置。
- ✔ 掌握动画预设的应用、导入、导出和删除。

技能目标 ⠿

- ✔ 能够制作家用电器类公众号封面首图。

素养目标 ⠿

- ✔ 培养提高效率的工作习惯。

任务 11.1　设置 Animate 组件

组件是一些复杂的带有可定义参数的影片剪辑符号。一个组件就是一段影片剪辑符号，其中所带的参数由用户在创作 Animate 影片时进行设置，所带的动作脚本 API（Application Program Interface，应用程序接口）供用户在创作时自定义组件。组件旨在让开发人员重用和共享代码，封装复杂功能，让用户在没有"动作脚本"的情况下也能使用和自定义这些功能。

11.1.1　关于 Animate 组件

组件可以是单选项、对话框、下拉列表、预加载栏，甚至是根本没有图形的某个项，如定时器、服务器连接实用程序或自定义可扩展标记语言（extensible markup language，XML）分析器等。

用户如果对编写 ActionScript 代码不熟悉，可以直接向文档添加组件。对于添加的组件，可以在"属性"面板中设置其参数，也可以使用"代码片段"面板处理其事件。

用户无须编写任何 ActionScript 代码，就可以将"转到 Web 页"行为附加到一个 Button 组件上，用户单击此按钮就可以在 Web 浏览器中打开一个 URL。

首次将组件添加到文档时，Animate 会将其作为影片剪辑导入"库"面板中。在任何情况下，用户都必须将组件添加到库中，才能访问组件元素。用户可以将组件从"组件"面板直接拖到"库"面板中，然后将其实例添加到舞台上。

11.1.2　设置组件

选择"窗口 > 组件"命令，或按 Ctrl+F7 组合键，弹出"组件"面板，如图 11-1 所示。Animate 2020 提供了 2 类组件：用于创建界面的 User Interface 类组件和用于控制视频播放的 Video 类组件。

在"组件"面板中双击要使用的组件，组件将显示在舞台窗口中，如图 11-2 所示。

在"组件"面板中选中要使用的组件，将其直接拖曳到舞台窗口中，如图 11-3 所示。

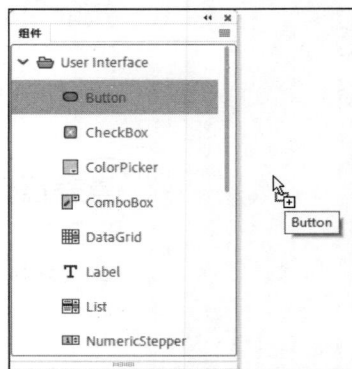

图 11-1　　　　　　　　　　　　图 11-2　　　　　　　　　　　　图 11-3

在舞台窗口中选中组件，如图 11-4 所示，按 Ctrl+F3 组合键，弹出"属性"面板，如图 11-5 所示。单击"显示参数"按钮　，在弹出的"组件参数"面板中选择相应的选项，如图 11-6 所示。

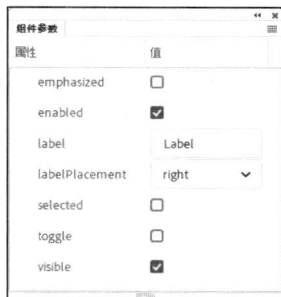

图 11-4   图 11-5   图 11-6

任务 11.2　　使用动画预设

　　动画预设是预设的补间动画，可以将它们应用于舞台上的对象。只需选择对象并单击"动画预设"面板中的"应用"按钮，即可为选中的对象添加动画效果。

　　使用动画预设是学习在 Animate 中添加动画的快捷方法。一旦了解了动画预设的工作方式，制作动画就非常容易了。

　　用户可以创建并保存自定义的动画预设。这种动画预设可以来自已修改的现有动画预设，也可以来自用户自己创建的自定义补间动画。

　　使用"动画预设"面板，可导出和导入动画预设。用户可以与协作人员共享动画预设，或利用 Animate 设计社区成员共享的动画预设。

11.2.1　预览动画预设

　　Animate 的每个动画预设都可以预览，可在"动画预设"面板中查看。通过预览，用户可以了解在将动画应用于 FLA 文件中的对象时所获得的结果。对于用户创建或导入的自定义预设，用户可以添加自己的预览。

　　选择"窗口 > 动画预设"命令，弹出"动画预设"面板，如图 11-7 所示。单击"默认预设"文件夹前面的倒三角图标，展开默认预设选项，选择其中一个默认的预设选项，即可预览默认动画预设，如图 11-8 所示。要停止预览，只需在"动画预设"面板外单击即可。

图 11-7

图 11-8

11.2.2　应用动画预设

在舞台上选中可补间的对象（元件实例或文本字段等）后，可单击"应用"按钮来应用预设。每个对象只能应用一个预设。如果将第二个预设应用于相同的对象，则第二个预设将替换第一个预设。

一旦将动画预设应用于舞台上的对象，在时间轴中创建的补间就不再与"动画预设"面板有任何关系了。在"动画预设"面板中删除或重命名某个预设对以前使用该预设创建的所有补间没有任何影响。如果在面板中的原始预设上保存新预设，新预设对使用原始预设创建的任何补间没有影响。

每个动画预设都包含特定数量的帧。在应用预设时，在时间轴中创建的补间范围将包含此数量的帧。如果目标对象已应用了不同长度的补间，补间范围将进行调整，以符合动画预设的长度。可在应用预设后调整时间轴中补间范围的长度。

包含 3D 动画的动画预设只能应用于影片剪辑实例。已补间的 3D 属性不适用于图形或按钮元件，也不适用于文本字段。可以将 2D 或 3D 动画预设应用于任何 2D 或 3D 影片剪辑。

> **提示**
> 如果动画预设对 3D 影片剪辑的 z 轴位置进行了动画处理，则该影片剪辑在显示时会改变其 x 和 y 位置。这是因为，z 轴上的移动是沿着从 3D 消失点（在 3D 元件实例属性检查器中设置）辐射到舞台边缘的不可见透视线进行的。

打开云盘中的"基础素材 > Ch11 > 01"文件，如图 11-9 所示。单击"时间轴"面板中的"新建图层"按钮 ⊞，新建"图层_2"图层，如图 11-10 所示。

图 11-9

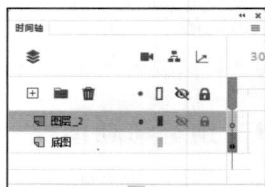

图 11-10

将"库"面板中的图形元件"花瓣"拖曳到舞台窗口中，并放置在适当的位置，如图 11-11 所示。选择"窗口 > 动画预设"命令，弹出"动画预设"面板。单击"默认预设"文件夹前面的倒三角图标，展开默认预设选项，如图 11-12 所示。

在舞台窗口中选择"花瓣"实例，在"动画预设"面板中选择"从顶部飞入"选项，如图 11-13 所示。

图 11-11

图 11-12

图 11-13

单击"动作预设"面板右下角的"应用"按钮，为"花瓣"实例添加动画预设，舞台窗口中的效果如图 11-14 所示，"时间轴"面板如图 11-15 所示。

图 11-14

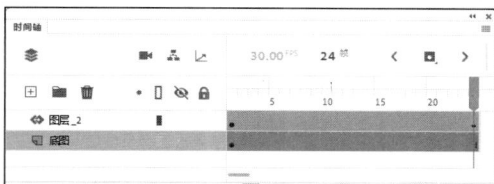

图 11-15

选中"图层_2"的第 24 帧，选择"选择"工具▶，在舞台窗口中向下拖曳"花瓣"实例到适当的位置，如图 11-16 所示。选中"底图"图层的第 24 帧，按 F5 键，插入普通帧，如图 11-17所示。

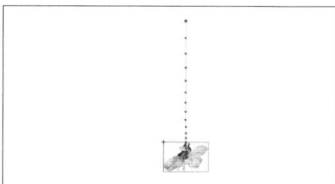

图 11-16

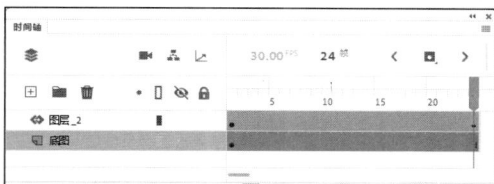

图 11-17

按 Ctrl+Enter 组合键，测试动画效果，在动画中花瓣会呈现自上向下降落的状态。

11.2.3　将补间动画另存为自定义动画预设

如果用户想将自己创建的补间动画，或对从"动画预设"面板应用的补间动画进行更改，可将它另存为新的动画预设。新的动画预设将显示在"动画预设"面板中的"自定义预设"文件夹中。

选择"基本椭圆"工具 ◉，在工具箱中将笔触颜色设为无，填充颜色设为红色径向渐变，在舞台窗口中绘制 1 个圆形，如图 11-18 所示。

选择"选择"工具▶，选中渐变圆形，按 F8 键，弹出"转换为元件"对话框，在"名称"文本框中输入"渐变球"，在"类型"下拉列表中选择"图形"选项，如图 11-19 所示，单击"确定"按钮，将渐变圆形转换为图形元件。

图 11-18

图 11-19

在舞台窗口中用鼠标右键单击"渐变球"实例，在弹出的快捷菜单中选择"创建补间动画"命令，生成补间动画效果。"时间轴"面板如图 11-20 所示。在舞台窗口中，将"渐变球"实例向右上方拖曳到适当的位置，如图 11-21 所示。

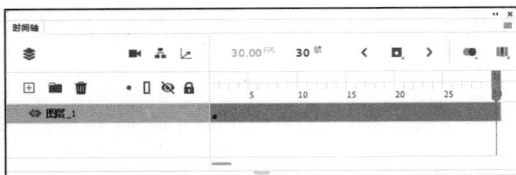
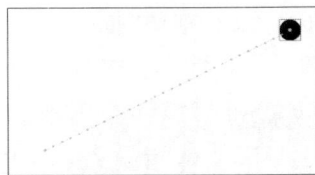

图 11-20   图 11-21

选择"选择"工具▶，将鼠标指针放置在运动路线上，当鼠标指针变为▶时，按下鼠标左键向上拖曳到适当的位置，将运动路线调为弧线，效果如图 11-22 所示。在"时间轴"面板中将播放头拖曳到第 15 帧的位置，选择"任意变形"工具，在舞台窗口中放大"渐变球"实例，效果如图 11-23 所示。

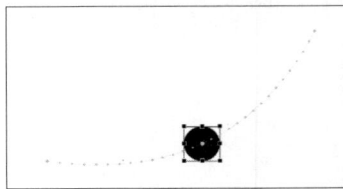

图 11-22   图 11-23

在"时间轴"面板中单击"图层_1"图层，将该图层中的所有补间选中，如图 11-24 所示。单击"动画预设"面板下方的"将选区另存为预设"按钮，弹出"将预设另存为"对话框，如图 11-25 所示。

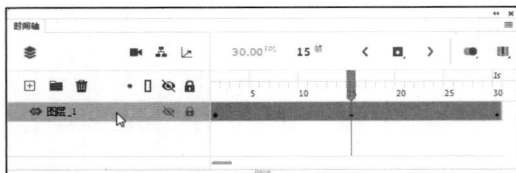
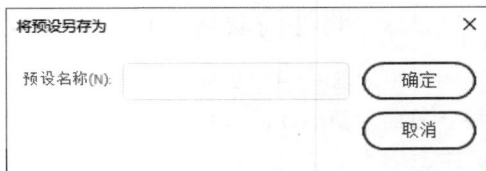

图 11-24   图 11-25

在"预设名称"文本框中输入"运动的渐变球"，如图 11-26 所示，输入完成后，单击"确定"按钮，实现另存为预设效果。"动画预设"面板如图 11-27 所示。

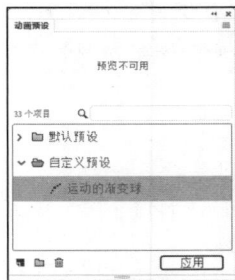

图 11-26   图 11-27

注
意　　动画预设只能包含补间动画。传统补间动画不能保存为动画预设。自定义的动画预设存储在"自定义预设"文件夹中。

11.2.4　导出和导入动画预设

在 Animate 中除了可以使用默认预设和自定义预设，还可以通过导出和导入的方式添加动画预设。

1. 导出动画预设

在 Animate 2020 中除了导入动画预设，还可以将制作好的动画预设导出为 XML 文件，以便与其他 Animate 用户共享。

在"动画预设"面板中选择需要导出的动画预设，单击"动画预设"面板右上角的选项按钮≡，在弹出的菜单中选择"导出"命令，如图 11-28 所示。

在弹出的"另存为"对话框中，为 XML 文件选择保存位置并输入名称，如图 11-29 所示，单击"保存"按钮即可完成导出动画预设。

图 11-28　　　　　　　　　　　　　　　　　　　　图 11-29

2. 导入动画预设

通过先将动画预设存储为 XML 文件，再导入 XML 文件的方式可将动画预设添加到"动画预设"面板。

单击"动画预设"面板右上角的选项按钮≡，在弹出的菜单中选择"导入"命令，如图 11-30 所示，在弹出的"导入动画预设"对话框中选择要导入的文件，如图 11-31 所示。

单击"打开"按钮，"运动的渐变球 01.xml"动画预设文件会被导入"动画预设"面板中，如图 11-32 所示。

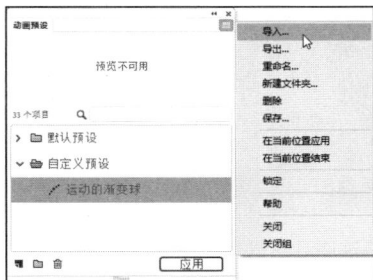
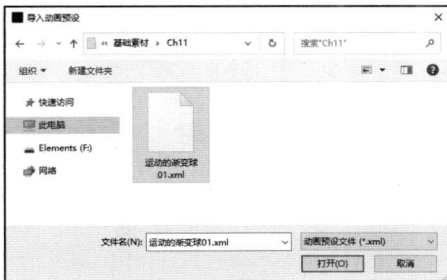

图 11-30　　　　　　　　　　　　图 11-31　　　　　　　　　　　　图 11-32

11.2.5　删除动画预设

可从"动画预设"面板中删除动画预设。在删除动画预设时，Animate 将从磁盘中删除其 XML 文件。请考虑制作以后可能需要再次使用的任何动画预设的备份，即导出这些预设的副本。

在"动画预设"面板中选择需要删除的动画预设，如图 11-33 所示，单击该面板下方的"删除项目"按钮 🗑，系统将会弹出"删除预设"提示对话框，如图 11-34 所示，单击"删除"按钮，即可将选中的动画预设删除。

图 11-33

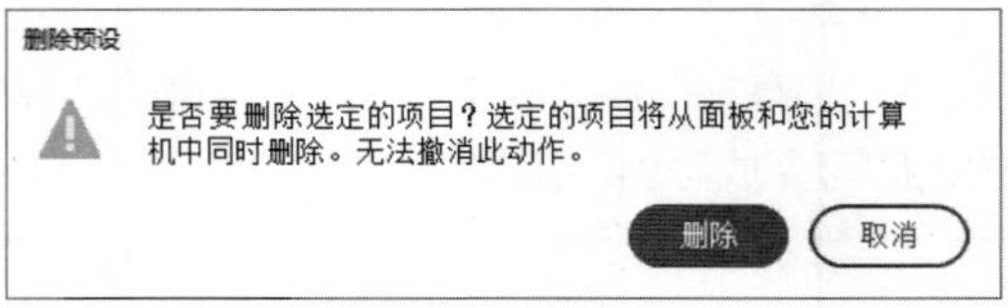

图 11-34

> **注意**
>
> 在删除预设时，"默认预设"文件夹中的动画预设是无法删除的。

任务实践——制作家用电器类公众号封面首图

任务学习目标

使用不同的预设命令制作动画效果。

任务知识要点

使用"从右边飞入"预设制作电饭煲动画效果，使用"从左边飞入"预设和"从底部飞入"预设制作文字动画。家用电器类公众号封面首图效果如图 11-35 所示。

图 11-35

微课

制作家用电器类
公众号封面首图

效果所在位置

云盘/Ch11/效果/制作家用电器类公众号封面首图.fla。

1. 创建图形元件

（1）选择"文件 > 新建"命令，弹出"新建文档"对话框，在"详细信息"选项组中，将"宽"

设为 900，"高"设为 383，在"平台类型"下拉列表中选择"ActionScript 3.0"选项，单击"创建"按钮，完成文档的创建。按 Ctrl+J 组合键，弹出"文档设置"对话框，将"舞台颜色"设为灰色（#666666），单击"确定"按钮，完成舞台颜色的修改。

（2）选择"文件 > 导入 > 导入到库"命令，在弹出的"导入到库"对话框中选择云盘"Ch11 > 素材 > 制作家用电器类公众号封面首图"中的"01"和"02"文件，单击"打开"按钮，文件被导入"库"面板中，如图 11-36 所示。

（3）按 Ctrl+F8 组合键，弹出"创建新元件"对话框，在"名称"文本框中输入"电饭煲"，在"类型"下拉列表中选择"图形"选项，单击"确定"按钮，新建图形元件"电饭煲"，如图 11-37 所示。舞台窗口也随之转换为图形元件的舞台窗口。将"库"面板中的位图"02.png"拖曳到舞台窗口中，如图 11-38 所示。

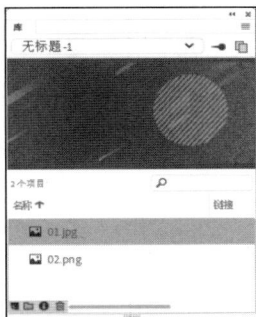
图 11-36

图 11-37

图 11-38

（4）按 Ctrl+F8 组合键，弹出"创建新元件"对话框，在"名称"文本框中输入"文字 1"，在"类型"下拉列表中选择"图形"选项，单击"确定"按钮，新建图形元件"文字 1"。舞台窗口也随之转换为图形元件的舞台窗口。

（5）选择"基本矩形"工具，在工具箱中将笔触颜色设为无，填充颜色设为白色，在舞台窗口中绘制一个矩形，如图 11-39 所示。保持矩形的选取状态，在"属性"面板"对象"选项卡中，将"宽"设为 185，"高"设为 24，"X""Y"均设为 0，其他选项的设置如图 11-40 所示，效果如图 11-41 所示。

图 11-39

图 11-40

图 11-41

（6）单击"时间轴"面板上方的"新建图层"按钮，创建新图层"图层_2"。选择"文本"工具**T**，在文本工具"属性"面板"工具"选项卡中，将字体设为"方正兰亭中黑简体"，"大小"设为18，"填充"设为玫红色（#F3258B），其他选项的设置如图 11-42 所示；在舞台窗口中输入需要的文字，如图 11-43 所示。

图 11-42   图 11-43

（7）按 Ctrl+F8 组合键，弹出"创建新元件"对话框，在"名称"文本框中输入"文字 2"，在"类型"下拉列表中选择"图形"选项，单击"确定"按钮，新建图形元件"文字 2"。舞台窗口也随之转换为图形元件的舞台窗口。

（8）选择"文本"工具**T**，在文本工具"属性"面板"工具"选项卡中，将字体设为"方正兰亭粗黑简体"，"大小"设为 53，"填充"设为白色，其他选项的设置如图 11-44 所示；在舞台窗口中输入需要的文字，如图 11-45 所示。用上述的方法制作图形元件"文字 3"，如图 11-46 所示。

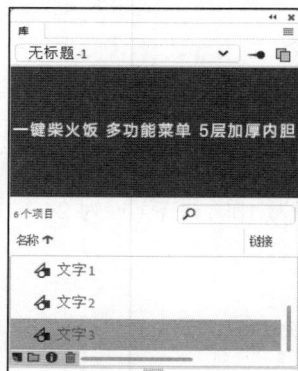

图 11-44   图 11-45   图 11-46

（9）按 Ctrl+F8 组合键，弹出"创建新元件"对话框，在"名称"文本框中输入"水平线"，在"类型"下拉列表中选择"图形"选项，单击"确定"按钮，新建图形元件"水平线"。舞台窗口也随之转换为图形元件的舞台窗口。

（10）选择"线条"工具╱，在"属性"面板"工具"选项卡中，单击"对象绘制"按钮▣，将笔触颜色设为白色，"笔触大小"设为 2，其他选项的设置如图 11-47 所示。在按住 Shift 键的同时，在舞台窗口中绘制一条直线，效果如图 11-48 所示。

（11）选择"选择"工具▶，选中直线，在"属性"面板"对象"选项卡中，将"宽"设为 40，"X""Y"均设为 0，效果如图 11-49 所示。

图 11-47

图 11-48

图 11-49

2. 制作场景动画

（1）单击舞台窗口左上方的图标 ← ，进入"场景 1"的舞台窗口。将"图层_1"重命名为"底图"。将"库"面板中的位图"01.jpg"拖曳到舞台窗口中，效果如图 11-50 所示。选中"底图"图层的第 120 帧，按 F5 键，插入普通帧。

（2）在"时间轴"面板中创建新图层并将其命名为"电饭煲"。选中"电饭煲"图层的第 1 帧，将"库"面板中的图形元件"电饭煲"拖曳到舞台窗口中的右外侧，如图 11-51 所示。

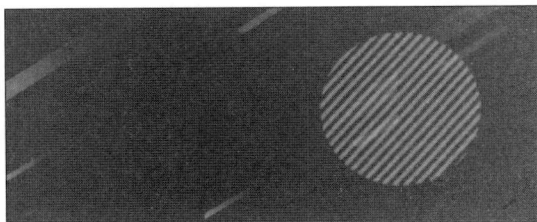

图 11-50

图 11-51

（3）保持"电饭煲"实例的选取状态，选择"窗口 > 动画预设"命令，弹出"动画预设"面板，如图 11-52 所示，单击"默认预设"文件夹前面的倒三角图标，展开默认预设，如图 11-53 所示。

图 11-52

图 11-53

（4）在"动画预设"面板中，选择"从右边飞入"选项，如图 11-54 所示，单击"应用"按钮，舞台窗口中的效果如图 11-55 所示。

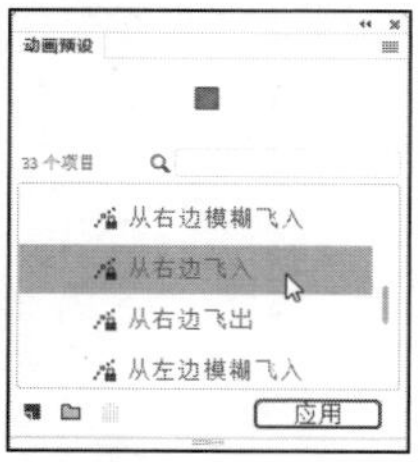

图 11-54

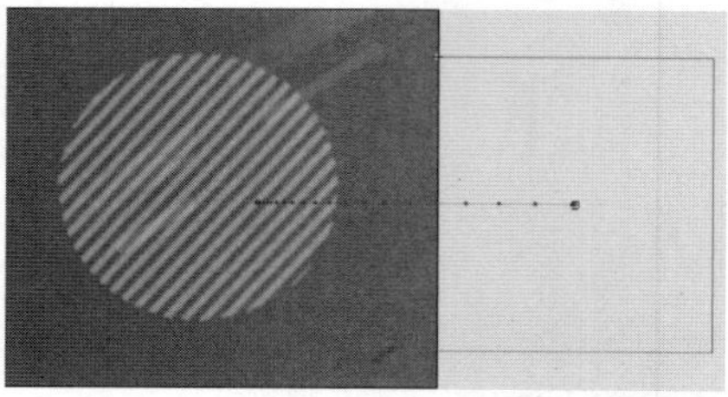

图 11-55

（5）选中"电饭煲"图层的第 24 帧，在舞台窗口中将"电饭煲"实例水平向左拖曳到适当的位置，如图 11-56 所示。选中"电饭煲"图层的第 120 帧，按 F5 键，插入普通帧。

（6）在"时间轴"面板中创建新图层并将其命名为"文字 1"。选中"文字 1"图层的第 1 帧，将"库"面板中的图形元件"文字 1"拖曳到舞台窗口的左外侧，如图 11-57 所示。

图 11-56

图 11-57

（7）保持"文字 1"实例的选取状态，在"动画预设"面板中，选择"从左边飞入"选项，单击"应用"按钮，舞台窗口中的效果如图 11-58 所示。选中"文字 1"图层的第 24 帧，在舞台窗口中将"文字 1"实例水平向右拖曳到适当的位置，如图 11-59 所示。选中"文字 1"图层的第 120 帧，按 F5 键，插入普通帧。

图 11-58

图 11-59

（8）在"时间轴"面板中创建新图层并将其命名为"文字 2"。选中"文字 2"图层的第 10 帧，按 F6 键，插入关键帧，将"库"面板中的图形元件"文字 2"拖曳到舞台窗口的左外侧，如图 11-60 所示。

（9）保持"文字 2"实例的选取状态，在"动画预设"面板中，选择"从左边飞入"选项，单击"应用"按钮，应用预设效果。选中"文字 2"图层的第 33 帧，在舞台窗口中将"文字 2"实例水平向右拖曳到适当的位置，如图 11-61 所示。选中"文字 2"图层的第 120 帧，按 F5 键，插入普通帧。

图 11-60

图 11-61

（10）在"时间轴"面板中创建新图层并将其命名为"水平线"。选中"水平线"图层的第 20 帧，按 F6 键，插入关键帧，将"库"面板中的图形元件"水平线"拖曳到舞台窗口中并放置在适当的位置，如图 11-62 所示。

（11）保持"水平线"实例的选取状态，在"动画预设"面板中，选择"从左边飞入"选项，单击"应用"按钮，应用预设效果。选中"水平线"图层的第 43 帧，在舞台窗口中将"水平线"实例水平向左拖曳到适当的位置，如图 11-63 所示。选中"水平线"图层的第 120 帧，按 F5 键，插入普通帧。

（12）在"时间轴"面板中创建新图层并将其命名为"文字 3"。选中"文字 3"图层的第 30 帧，按 F6 键，插入关键帧，将"库"面板中的图形元件"文字 3"拖曳到舞台窗口的下外侧，如图 11-64 所示。

图 11-62

图 11-63

图 11-64

（13）保持"文字 3"实例的选取状态，在"动画预设"面板中，选择"从底部飞入"选项，单击"应用"按钮，应用预设效果。选中"文字 3"图层的第 53 帧，在舞台窗口中将"文字 3"实例垂直向下拖曳到适当的位置，如图 11-65 所示。选中"文字 3"图层的第 120 帧，按 F5 键，插入普通帧。至此，家用电器类公众号封面首图制作完成，效果如图 11-66 所示，按 Ctrl+Enter 组合键即可查看。

图 11-65

图 11-66

项目实践 ——制作旅行箱广告动画

🔗 实践知识要点

使用"导入到库"命令导入素材并制作图形元件，使用"从顶部飞入"预设、"从右边飞入"预设和"从左边飞入"预设制作旅行箱广告动画。旅行箱广告动画效果如图 11-67 所示。

图 11-67

微课

制作旅行箱广告
动画

◎ 效果所在位置

云盘/Ch11/效果/制作旅行箱广告动画.fla。

课后习题 ——制作小风扇广告主图动画

⊘ 习题知识要点

使用"新建元件"命令制作图形元件，使用"从左边飞入"预设、"从顶部飞入"预设和"从底部飞入"预设制作文字动画，使用"脉搏"选项制作价位动画。小风扇广告主图动画效果如图 11-68 所示。

图 11-68

微课

制作小风扇广告
主图动画

◎ 效果所在位置

云盘/Ch11/效果/制作小风扇广告主图动画.fla。

下篇　案例实训篇

12

项目 12
动态标志设计

项目导入

　　动态标志是将原本静态的标志通过动画的形式进行展现，给用户留下更深刻的印象，从而更好地进行品牌传播。通过学习本项目的内容，学生可以对动态标志设计有基本的了解，并掌握设计与制作动态标志的常用方法。

项目目标

- ✔ 了解动态标志设计的概念。
- ✔ 了解动态标志设计的功能。
- ✔ 掌握动态标志动画的设计思路。
- ✔ 掌握动态标志动画的制作方法和技巧。

技能目标

- ✔ 能够制作影视公司动态标志。
- ✔ 能够制作茶叶公司动态标志。

素养目标

- ✔ 提高学以致用的能力。
- ✔ 培养商业设计思维。

任务 12.1　了解动态标志设计

动态标志（Dynamic Symbol）设计指在静态标志的基础之上，让标志进行有目的的动态变化。优秀的动态标志可以让图形、文字与动态表现进行很好的融合，进而展现品牌内涵，提高消费者对企业文化的认可，如图 12-1 所示。

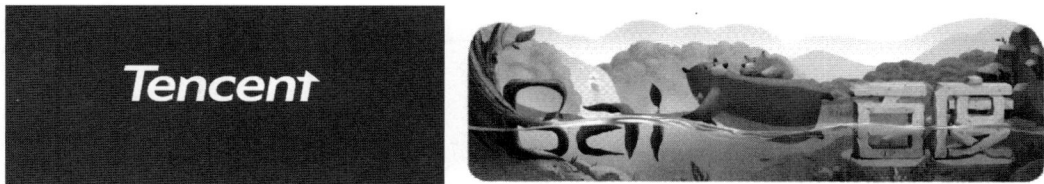

图 12-1

任务 12.2　制作影视公司动态标志

12.2.1　任务分析

本任务的目的是为叭哥影视公司制作动态标志。叭哥影视公司是一家专业的影视公司，该公司致力于影视制作、专题片制作、专题片拍摄等。其动态标志设计要求风格简洁，融合公司的名称。

在设计过程中，使用彩色图形组合而成的八哥卡通形象作为标志主体，该形象既与公司名称同音，又有趣味性，构思别具一格。在卡通形象下方放置公司名称，加深观者印象。

本任务将使用"新建元件"命令、矩形工具和"颜色"面板制作图形元件，使用"转换为元件"命令将图形转换为图形元件；使用"创建传统补间"命令和"创建补间形状"命令制作标志动画，使用"文本"工具输入标志名称，使用"遮罩层"命令制作文字的遮光效果。

12.2.2　任务效果

本任务的效果如图 12-2 所示。

12.2.3　任务制作

1．打开素材制作图形元件

（1）选择"文件 > 打开"命令，在弹出的"打开"对话框中，选择云盘中的"Ch12 > 素材 > 制作影视公司动态标志 > 01"文件，单击"打开"按钮，打开的文件如图 12-3 所示。按 Ctrl+J 组合键，弹出"文档设置"对话框，将"舞台颜色"设为灰色（#999999），单击"确定"按钮，完成舞台颜色的修改，效果如图 12-4 所示。

微课

制作影视公司
动态标志

图 12-2

（2）按 Ctrl+F8 组合键，弹出"创建新元件"对话框，在"名称"文本框中输入"高光"，在"类型"下拉列表中选择"图形"选项，单击"确定"按钮，新建图形元件"高光"，如图 12-5 所示。舞台窗口也随之转换为图形元件的舞台窗口。

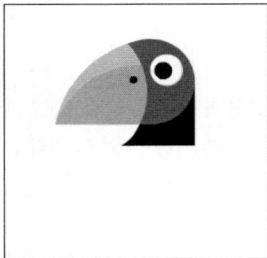

图 12-3　　　　　　　　　图 12-4　　　　　　　　　图 12-5

（3）选择"窗口 > 颜色"命令，弹出"颜色"面板，单击"笔触颜色"按钮 ✏️⬛，将其设为无，单击"填充颜色"按钮 🪣⬜，将其设为白色，将"A"设为 30%，如图 12-6 所示。选择"矩形"工具，在舞台窗口中绘制 3 个矩形，效果如图 12-7 所示。

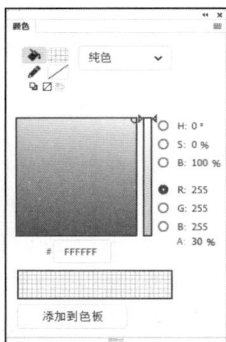

图 12-6

图 12-7

2．制作动画效果

（1）单击舞台窗口左上方的图标 ←，进入"场景 1"的舞台窗口。分别选中"外形"图层和"眼睛"图层的第 90 帧，按 F5 键，插入普通帧，如图 12-8 所示。选中"外形"图层的第 1 帧，将其拖曳到第 15 帧，如图 12-9 所示。

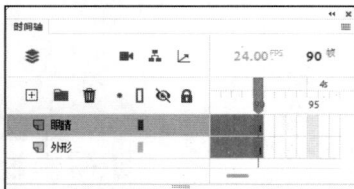

图 12-8　　　　　　　　　　　　　　　　图 12-9

（2）选中"外形"图层的第 1 帧，选择"椭圆"工具 ⬭，在工具箱中将笔触颜色设为无，填充颜色设为黄色（#FFCC33），"Alpha"选项设为 100，在按住 Shift 键的同时，在舞台窗口中绘制 1 个圆形，如图 12-10 所示。

（3）选择"选择"工具 ▶，在舞台窗口中选中绘制的圆形，在形状"属性"面板中，将"宽""高"均设为 107，将"X"设为 272，将"Y"设为 149，效果如图 12-11 所示。

（4）用鼠标右键单击"外形"图层的第 1 帧，在弹出的快捷菜单中选择"创建补间形状"命令，生成形状补间动画，如图 12-12 所示。

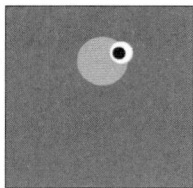
图 12-10

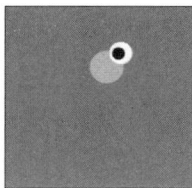
图 12-11

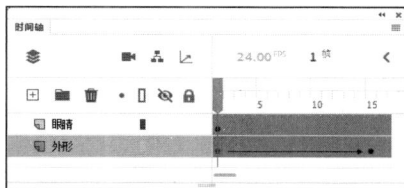
图 12-12

（5）选中"眼睛"图层的第 1 帧，将其拖曳至第 15 帧，如图 12-13 所示。在舞台窗口中选中需要的圆形，如图 12-14 所示。按 Ctrl+X 组合键，将其剪切。

图 12-13

图 12-14

（6）在"时间轴"面板中创建新图层并将其命名为"圆形"。选中"圆形"图层的第 15 帧，按 F6 键，插入关键帧。按 Ctrl+Shift+V 组合键，将剪切的圆形原位粘贴到"圆形"图层中。

（7）保持圆形的选取状态，按 F8 键，在弹出的"转换为元件"对话框中进行设置，如图 12-15 所示，设置完成后，单击"确定"按钮，将圆形转换为图形元件"圆形"，如图 12-16 所示。

图 12-15

图 12-16

（8）选择"任意变形"工具，在"圆形"实例的周围出现控制框，如图 12-17 所示。拖曳控制框的中心点到适当的位置，如图 12-18 所示。

（9）选中"圆形"图层的第 25 帧，按 F6 键，插入关键帧。用鼠标右键单击"圆形"图层的第 15 帧，在弹出的快捷菜单中选择"创建传统补间"命令，生成传统补间动画，如图 12-19 所示。

图 12-17

图 12-18

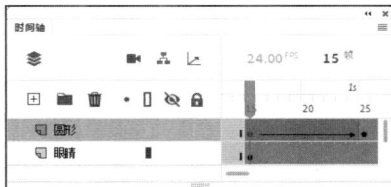
图 12-19

（10）选中"圆形"图层的第 15 帧，在"属性"面板"帧"选项卡中，选择"补间"选项组，在"旋转"下拉列表中选择"顺时针"选项，将旋转次数设为 1，如图 12-20 所示。

（11）在"时间轴"面板中创建新图层并将其命名为"文字"。选中"文字"图层的第 25 帧，按 F6 键，插入关键帧。选择"文本"工具 **T**，在"属性"面板"工具"选项卡中进行设置，在舞台窗口中适当的位置输入"大小"为 79.2、字体为"方正正大黑简体"的深绿色（#013333）文字，文字效果如图 12-21 所示。

图 12-20   图 12-21

（12）在"时间轴"面板中创建新图层并将其命名为"高光"。选中"高光"图层的第 25 帧，按 F6 键，插入关键帧。将"库"面板中的图形元件"高光"拖曳到舞台窗口中，并放置在适当的位置，如图 12-22 所示。选择"任意变形"工具 ，旋转"高光"实例，效果如图 12-23 所示。

（13）选中"高光"图层的第 35 帧，按 F6 键，插入关键帧。选择"选择"工具 ，在舞台窗口将"高光"实例水平向右拖曳到适当的位置，如图 12-24 所示。用鼠标右键单击"高光"图层的第 25 帧，在弹出的快捷菜单中选择"创建传统补间"命令，生成传统补间动画。

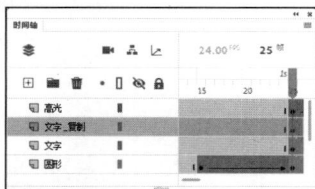

图 12-22   图 12-23   图 12-24

（14）用鼠标右键单击"文字"图层，在弹出的快捷菜单中选择"复制图层"命令，复制图层并生成"文字_复制"图层，如图 12-25 所示。将"文字_复制"图层拖曳到"高光"图层的上方，如图 12-26 所示。

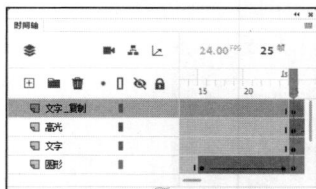

图 12-25   图 12-26

（15）用鼠标右键单击"文字_复制"图层，在弹出的快捷菜单中选择"遮罩层"命令，将"文字_复制"图层设为遮罩层，"高光"图层设为被遮罩层，如图 12-27 所示，舞台窗口中的效果如图 12-28 所示。

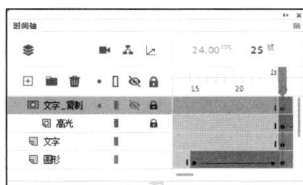

图 12-27

图 12-28

（16）在"时间轴"面板中创建新图层并将其命名为"英文"。选中"英文"图层的第 25 帧，按 F6 键，插入关键帧。选择"文本"工具 **T** ，在文本工具"属性"面板中进行设置，在舞台窗口中适当的位置输入"大小"为 20.2、字母间距为 19、字体为"Impact"的绿色（#036435）文字，文字效果如图 12-29 所示。

（17）用鼠标右键单击"高光"图层，在弹出的快捷菜单中选择"复制图层"命令，复制图层并生成"高光_复制"图层，如图 12-30 所示。将"高光_复制"图层拖曳到"英文"图层的上方，如图 12-31 所示。

图 12-29

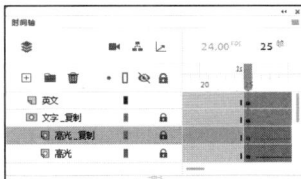

图 12-30

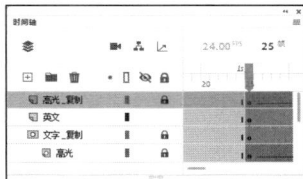

图 12-31

（18）在"时间轴"面板中，将"高光_复制"图层的第 25 帧至第 35 帧选中，如图 12-32 所示。在选中的帧上单击鼠标右键，在弹出的快捷菜单中选择"翻转帧"命令，将选中的帧进行翻转。

（19）用鼠标右键单击"英文"图层，在弹出的快捷菜单中选择"复制图层"命令，复制图层并生成"英文_复制"图层。将"英文_复制"图层拖曳到"高光_复制"图层的上方，如图 12-33 所示。

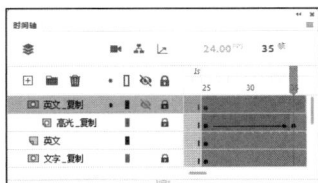

图 12-32

图 12-33

（20）用鼠标右键单击"英文_复制"图层，在弹出的快捷菜单中选择"遮罩层"命令，将"英文_复制"图层设为遮罩层，"高光_复制"图层设为被遮罩层，如图 12-34 所示。按 Ctrl+J 组合键，弹出"文档设置"对话框，将"舞台颜色"设为白色，单击"确定"按钮，完成舞台颜色的修改，效果如图 12-35 所示。至此，影视公司动态标志制作完成，按 Ctrl+Enter 组合键即可查看效果。

图 12-34

图 12-35

任务 12.3　制作茶叶公司动态标志

12.3.1　任务分析

一品茶缘是一家茶叶公司，多年来致力于传承茶文化，为消费者提供优质茶叶。该公司现要求制作一个动态标志，要能体现茶文化的特色和公司品牌。

在设计过程中，以白色为背景色，简洁、素雅。在标志左侧，以绿色的茶叶上绘制的茶园风光点明宣传主题，烘托意境；在标志右侧，垂直放置公司名称，黑色的书法体文字与标志的风格和谐、统一。

本任务将使用"打开"命令打开素材文件，使用"任意变形"工具和"新建元件"命令制作叶子动画效果，使用"属性"面板调整实例的透明度，使用"创建传统补间"命令制作标志动画效果。

12.3.2　任务效果

本任务的效果如图 12-36 所示。

图 12-36

12.3.3　任务制作

1. 打开素材制作图形元件

（1）选择"文件 > 打开"命令，在弹出的"打开"对话框中，选择云盘中的"Ch12 > 素材 > 制作茶叶公司动态标志 > 01"文件，单击"打开"按钮，将其打开，如图 12-37 所示。

（2）选中"图形"图层的第 1 帧，将其拖曳到第 10 帧。选中"图形"图层的第 1 帧，选择"椭圆"工具 ，在工具箱中将笔触颜色设为无，填充颜色设为绿色（#6B8332），在按住 Shift 键的同时，在舞台窗口中绘制一个圆形。

（3）选择"选择"工具 ，选中圆形，在"属性"面板"对象"选项卡中，将"宽""高"均设为 18，"X"设为 88，"Y"设为 128，效果如图 12-38 所示。用鼠标右键单击"图形"图层的第 1 帧，在弹出的快捷菜单中选择"创建补间形状"命令，生成形状补间动画，如图 12-39 所示。

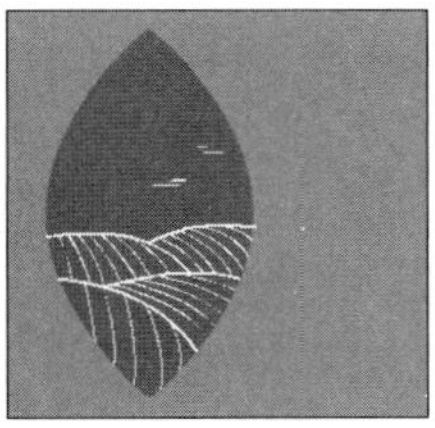

图 12-37

图 12-38

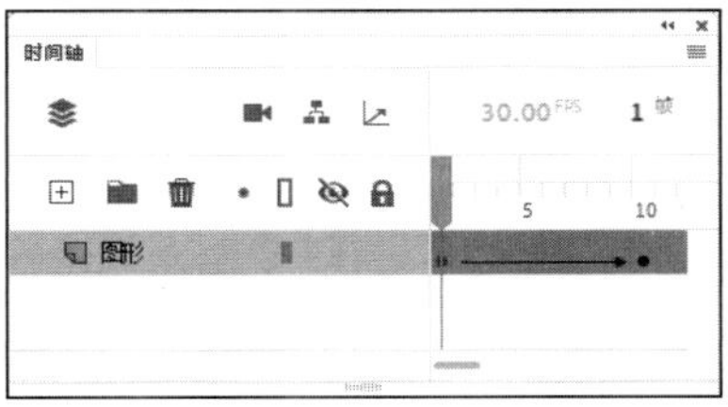

图 12-39

（4）在“时间轴”面板中创建新图层并将其命名为“文字”。选中“文字”图层的第 10 帧，按 F6 键，插入关键帧，将“库”面板中的图形元件“文字”拖曳到舞台窗口中，并放置在适当的位置，如图 12-40 所示。

（5）选中“文字”图层的第 20 帧，按 F6 键，插入关键帧。选中“文字”图层的第 10 帧，在舞台窗口中，将“文字”实例水平向右拖曳到适当的位置，如图 12-41 所示。保持实例的选取状态，在图形“属性”面板“对象”选项卡中，选择“色彩效果”选项组，在样式下拉列表中选择“Alpha”选项，将其值设为 0，效果如图 12-42 所示。

图 12-40

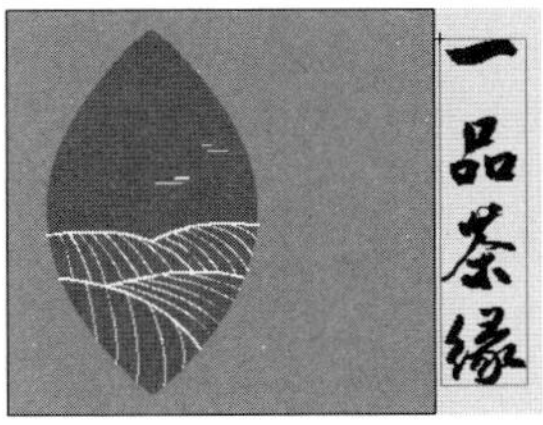

图 12-41

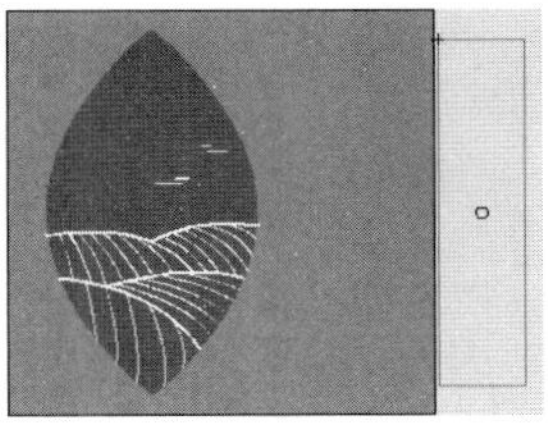

图 12-42

（6）用鼠标右键单击“文字”图层的第 10 帧，在弹出的快捷菜单中选择“创建传统补间”命令，生成传统补间动画。

（7）按 Ctrl+F8 组合键，弹出“创建新元件”对话框，在“名称”文本框中输入“叶子动”，在“类型”下拉列表中选择“影片剪辑”选项，单击“确定”按钮，新建影片剪辑元件“叶子动”。舞台窗口也随之转换为影片剪辑元件的舞台窗口。将“库”面板中的图形元件“叶子”拖曳到舞台窗口中，并放置在适当的位置，如图 12-43 所示。

（8）选择“任意变形”工具，在“叶子”实例的周围出现控制框，如图 12-44 所示。拖曳控制框的中心点到适当的位置，如图 12-45 所示。

（9）分别选中“图层_1”的第 20 帧、第 40 帧，按 F6 键，插入关键帧。选中第 20 帧，在舞台窗口中选中“叶子”实例，按 Ctrl+T 组合键，弹出“变形”面板，将“旋转”设为 6.0° ，效果如图 12-46 所示。

图 12-43

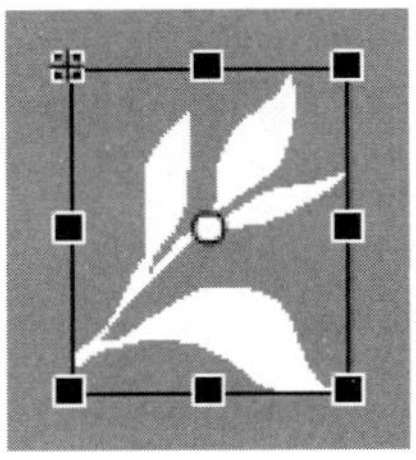

图 12-44

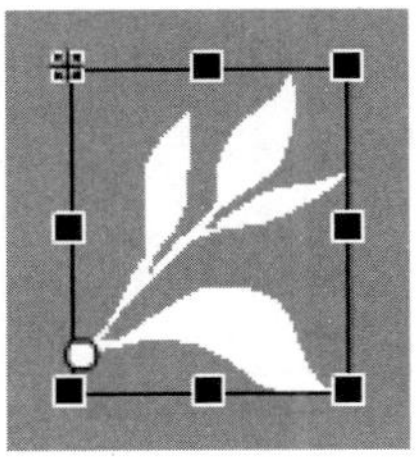

图 12-45

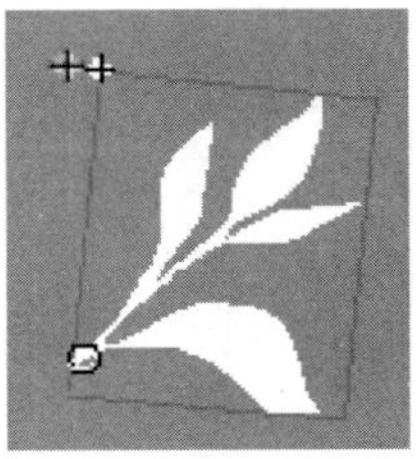

图 12-46

（10）分别用鼠标右键单击"图层_1"的第 1 帧和第 20 帧，在弹出的快捷菜单中选择"创建传统补间"命令，生成传统补间动画。

（11）单击舞台窗口左上方的图标 ←，进入"场景 1"的舞台窗口。在"时间轴"面板中创建新图层并将其命名为"叶子"。选中"叶子"图层的第 10 帧，将"库"面板中的影片剪辑元件"叶子动"拖曳到舞台窗口中，并放置在适当的位置，如图 12-47 所示。

（12）在"时间轴"面板中创建新图层并将其命名为"太阳"。选中"太阳"图层的第 10 帧，按 F6 键，插入关键帧。选择"椭圆"工具 ⬭，在工具箱中将笔触颜色设为无，填充颜色设为橘红色（#EA5703），在按住 Shift 键的同时，在舞台窗口中绘制一个圆形，效果如图 12-48 所示。

（13）选择"选择"工具 ▶，选中绘制的圆形，选择"修改 > 形状 > 柔化填充边缘"命令，在弹出的"柔化填充边缘"对话框中进行设置，如图 12-49 所示，设置完成后，单击"确定"按钮，效果如图 12-50 所示。

图 12-47　　　　　　图 12-48　　　　　　图 12-49　　　　　　图 12-50

（14）在"时间轴"面板中创建新图层并将其命名为"印章"。选中"印章"图层的第 20 帧，按 F6 键，插入关键帧。将"库"面板中的图形元件"印章"拖曳到舞台窗口中，并放置在适当的位置，如图 12-51 所示。

（15）选中"印章"图层的第 30 帧，按 F6 键，插入关键帧。选中"印章"图层的第 20 帧，在舞台窗口中，将"印章"实例垂直向下拖曳到适当的位置，如图 12-52 所示。保持实例的选取状态，在图形"属性"面板"对象"选项卡中，选择"色彩效果"选项组，在样式下拉列表中选择"Alpha"选项，将其值设为 0，效果如图 12-53 所示。

（16）用鼠标右键单击"印章"图层的第 20 帧，在弹出的快捷菜单中选择"创建传统补间"命令，生成传统补间动画。

（17）按 Ctrl+J 组合键，弹出"文档设置"对话框，将"舞台颜色"设为白色，单击"确定"按钮，完成舞台颜色的修改。至此，茶叶公司动态标志制作完成，效果如图 12-54 所示，按 Ctrl+Enter 组合键即可查看。

图 12-51　　　　　　图 12-52　　　　　　图 12-53　　　　　　图 12-54

项目实践 ——制作手柄电子竞技动态标志

🔗 实践知识要点

使用"打开"命令打开素材文件，使用"转换为元件"命令将图形转换为图形元件，使用"创建传统补间"命令生成传统补间动画，使用"属性"面板调整实例的透明度。手柄电子竞技动态标志效果如图 12-55 所示。

图 12-55

📍 效果所在位置

云盘/Ch12/效果/制作手柄电子竞技动态标志.fla。

课后习题 ——制作音乐平台动态标志

🔗 习题知识要点

使用"打开"命令打开素材文件，使用"转换为元件"命令将图形转换为图形元件，使用"创建传统补间"命令制作传统补间动画。音乐平台动态标志效果如图 12-56 所示。

图 12-56

📍 效果所在位置

云盘/Ch12/效果/制作音乐平台动态标志.fla。

13 项目 13
社交媒体动图设计

项目导入

　　在社交媒体中，表现力强的动图能为用户带来更好的视觉体验，以起到传播与维护品牌形象的目的。通过学习本项目的内容，学生可以对社交媒体动图设计有基本的了解，并掌握设计与制作社交媒体动图的常用方法。

项目目标

- ✔ 了解社交媒体动图的功能。
- ✔ 掌握社交媒体动图的设计思路。
- ✔ 掌握社交媒体动图的制作方法和技巧。

技能目标

- ✔ 能够制作美食类公众号横版海报。
- ✔ 能够制作教师节小动画。

素养目标

- ✔ 培养对新媒体技术的关注。

任务 13.1　了解社交媒体动图设计

社交媒体动图设计即在微信、微博等社交媒体中针对相关配图进行动态设计。社交媒体动图设计通常运用在需要吸引用户注意力的配图上，如图 13-1 所示。

图 13-1

任务 13.2　制作美食类公众号横版海报

13.2.1　任务分析

本任务的目的是为某美食类公众号制作横版海报，要求海报要色彩明亮，风格轻松。

在设计过程中，使用亮蓝色作为背景，再搭配黄色和白色，令人眼前一亮。海报 4 个角上看似随意摆放的美食和餐具令画面更活泼，给人带来愉悦感。

本任务将使用文本工具输入文字，使用"新建元件"命令制作图形元件和影片剪辑元件，使用"属性"面板为影片剪辑元件添加投影效果，使用钢笔工具绘制装饰图形，使用"创建传统补间"命令制作传统补间动画，使用"属性"面板调整元件的透明度。

13.2.2　任务效果

本任务的效果如图 13-2 所示。

图 13-2

微课

制作美食类公众号
横版海报

13.2.3　任务制作

1. 新建文档并制作图形元件

（1）选择"文件 > 新建"命令，弹出"新建文档"对话框，在"详细信息"选项组中，将"宽"设为 900，"高"设为 500，在"平台类型"下拉列表中选择"ActionScript 3.0"选项，单击"创建"按钮，完成文档的创建。按 Ctrl+J 组合键，弹出"文档设置"对话框，将"舞台颜色"设为淡绿色

（#6BF1EF），单击"确定"按钮，完成舞台颜色的修改。

（2）按 Ctrl+F8 组合键，弹出"创建新元件"对话框，在"名称"文本框中输入"文字 1"，在"类型"下拉列表中选择"图形"选项，如图 13-3 所示，单击"确定"按钮，新建图形元件"文字 1"。舞台窗口也随之转换为图形元件的舞台窗口。

（3）选择"文本"工具 **T**，在"属性"面板"工具"选项卡中进行设置，在舞台窗口中适当的位置输入"大小"为 74、字体为"方正兰亭纤黑简体"的黄色（#FFEF00）文字，文字效果如图 13-4所示。

图 13-3

图 13-4

（4）按 Ctrl+F8 组合键，弹出"创建新元件"对话框，在"名称"文本框中输入"文字 2"，在"类型"下拉列表中选择"影片剪辑"选项，单击"确定"按钮，新建影片剪辑元件"文字 2"。舞台窗口也随之转换为影片剪辑元件的舞台窗口。

（5）选择"文本"工具 **T**，在"属性"面板"工具"选项卡中进行设置，在舞台窗口中适当的位置输入"大小"为 114、字母间距为-2、字体为"方正正大黑简体"的白色文字，文字效果如图 13-5所示。

（6）按 Ctrl+F8 组合键，弹出"创建新元件"对话框，在"名称"文本框中输入"文字 3"，在"类型"下拉列表中选择"图形"选项，单击"确定"按钮，新建图形元件"文字 3"。舞台窗口也随之转换为图形元件的舞台窗口。

（7）选择"文本"工具 **T**，在"属性"面板"工具"选项卡中进行设置，在舞台窗口中适当的位置输入"大小"为 46、字母间距为-4、字体为"方正兰亭细黑简体"的深灰色（#4C3C10）文字，文字效果如图 13-6 所示。

图 13-5

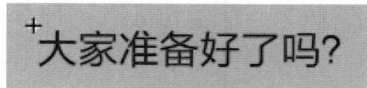

图 13-6

（8）按 Ctrl+F8 组合键，弹出"创建新元件"对话框，在"名称"文本框中输入"圆动"，在"类型"下拉列表中选择"影片剪辑"选项，单击"确定"按钮，新建影片剪辑元件"圆动"，如图 13-7所示。舞台窗口也随之转换为影片剪辑元件的舞台窗口。

（9）选择"基本椭圆"工具，在工具箱中将笔触颜色设为无，填充颜色设为黄色（#FFEF00），在按住 Shift 键的同时，在舞台窗口中绘制 1 个圆形，如图 13-8 所示。

（10）保持圆形的选取状态，在"属性"面板"对象"选项卡中，将"宽""高"均设为 254，将"X""Y"均设为-127，如图 13-9 所示，效果如图 13-10 所示。

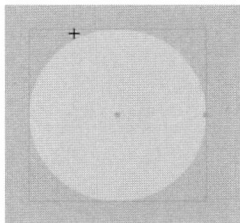

图 13-7　　　　　　　图 13-8　　　　　　　图 13-9　　　　　　　图 13-10

（11）按 F8 键，在弹出的"转换为元件"对话框中进行设置，如图 13-11 所示，设置完成后，单击"确定"按钮，将圆形转换为图形元件"圆"，如图 13-12 所示。

图 13-11　　　　　　　　　　　　　　　　　　图 13-12

（12）分别选中"图层_1"的第 30 帧、第 60 帧，按 F6 键，插入关键帧。选中"图层_1"的第 30 帧，按 Ctrl+T 组合键，弹出"变形"面板，将"缩放宽度""缩放高度"均设为 90.0%，如图 13-13 所示，效果如图 13-14 所示。

（13）分别用鼠标右键单击"图层_1"的第 1 帧、第 30 帧，在弹出的快捷菜单中选择"创建传统补间"命令，生成传统补间动画，如图 13-15 所示。

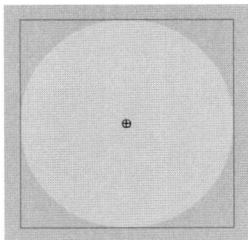

图 13-13　　　　　　　图 13-14　　　　　　　图 13-15

2. 制作场景动画

（1）单击舞台窗口左上方的图标 ⬅ ，进入"场景 1"的舞台窗口。将"图层_1"重命名为"底图"。按 Ctrl+R 组合键，在弹出的"导入"对话框中，选择云盘中的"Ch13 > 素材 > 制作美食类公众号横版海报＞01"文件，单击"打开"按钮，文件被导入舞台窗口中，如图 13-16 所示。选中"底图"图层的第 90 帧，按 F5 键，插入普通帧。

（2）在"时间轴"面板中创建新图层并将其命名为"圆形"。将"库"面板中的影片剪辑元件"圆动"拖曳到舞台窗口中，并放置在适当的位置，如图 13-17 所示。

图 13-16

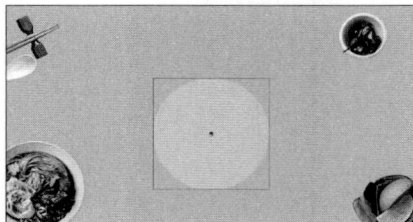

图 13-17

（3）在"时间轴"面板中创建新图层并将其命名为"文字 1"。将"库"面板中的图形元件"文字 1"拖曳到舞台窗口中，并放置在适当的位置，如图 13-18 所示。选中"文字 1"图层的第 15 帧，按 F6 键，插入关键帧。

（4）选中"文字 1"图层的第 1 帧，在舞台窗口中将"文字 1"实例垂直向上拖曳到适当的位置，如图 13-19 所示。

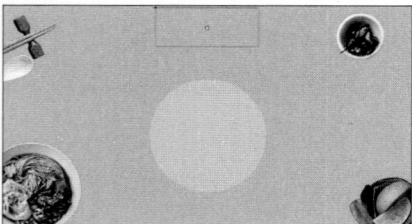

图 13-18

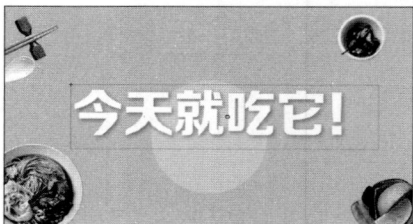

图 13-19

（5）保持"文字 1"实例的选取状态，在"属性"面板"对象"选项卡中，选择"色彩效果"选项组，在样式下拉列表中选择"Alpha"选项，将其值设为 0，舞台窗口中的效果如图 13-20 所示。用鼠标右键单击"文字 1"图层的第 1 帧，在弹出的快捷菜单中选择"创建传统补间"命令，生成传统补间动画。

（6）在"时间轴"面板中创建新图层并将其命名为"文字 2"。选中"文字 2"图层的第 5 帧，按 F6 键，插入关键帧。将"库"面板中的图形元件"文字 2"拖曳到舞台窗口中，并放置在适当的位置，如图 13-21 所示。

图 13-20

图 13-21

（7）保持"文字 2"实例的选取状态，在"属性"面板"对象"选项卡中，单击"滤镜"选项组中的"添加滤镜"按钮 + ，在弹出的菜单中选择"投影"选项，各选项的设置如图 13-22 所示，效果如图 13-23 所示。

图 13-22

图 13-23

（8）选中"文字 2"图层的第 20 帧，按 F6 键，插入关键帧。选中"文字 2"图层的第 5 帧，在舞台窗口中选中"文字 2"实例，在"属性"面板"对象"选项卡中，选择"色彩效果"选项组，在样式下拉列表中选择"Alpha"选项，将其值设为 0，如图 13-24 所示，舞台窗口中的效果如图 13-25 所示。

图 13-24

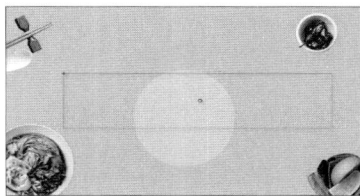

图 13-25

（9）用鼠标右键单击"文字 2"图层的第 5 帧，在弹出的快捷菜单中选择"创建传统补间"命令，生成传统补间动画。

（10）在"时间轴"面板中创建新图层并将其命名为"文字 3"。选中"文字 3"图层的第 10 帧，按 F6 键，插入关键帧。将"库"面板中的图形元件"文字 3"拖曳到舞台窗口中，并放置在适当的位置，如图 13-26 所示。选中"文字 3"图层的第 20 帧，按 F6 键，插入关键帧。

（11）选中"文字 3"图层的第 10 帧，在舞台窗口中将"文字 3"实例垂直向下拖曳到适当的位置，如图 13-27 所示。在"属性"面板"对象"选项卡中，选择"色彩效果"选项组，在样式下拉列表中选择"Alpha"选项，将其值设为 0。

图 13-26

图 13-27

（12）用鼠标右键单击"文字 3"图层的第 10 帧，在弹出的快捷菜单中选择"创建传统补间"命令，生成传统补间动画。

3. 制作装饰动画

（1）在"时间轴"面板中创建新图层并将其命名为"左装饰"。选中"左装饰"图层的第 10 帧，按 F6 键，插入关键帧。选择"钢笔"工具 ✐，在"属性"面板"工具"选项卡中，将笔触颜色设为白色，"笔触大小"设为 4，单击"对象绘制"按钮 █ 和"平头端点"按钮 █，其他选项的设置如图 13-28 所示，在舞台窗口中绘制 1 条开放路径，如图 13-29 所示。

图 13-28

图 13-29

（2）选择"选择"工具 ▶，选中绘制的路径，如图 13-30 所示。按 F8 键，在弹出的"转换为元件"对话框中进行设置，如图 13-31 所示，设置完成后，单击"确定"按钮，将选中的路径转换为图形元件"装饰"。

图 13-30

图 13-31

（3）选中"左装饰"图层的第 20 帧，按 F6 键，插入关键帧。选中"左装饰"图层的第 10 帧，在舞台窗口中选中"装饰"实例，在"属性"面板"对象"选项卡中，选择"色彩效果"选项组，在样式下拉列表中选择"Alpha"选项，将其值设为 0，舞台窗口中的效果如图 13-32 所示。

（4）用鼠标右键单击"左装饰"图层的第 10 帧，在弹出的快捷菜单中选择"创建传统补间"命令，生成传统补间动画。

（5）在"时间轴"面板中创建新图层并将其命名为"右装饰"。选中"右装饰"图层的第 10 帧，按 F6 键，插入关键帧。将"库"面板中的图形元件"装饰"拖曳到舞台窗口中，并放置在适当的位置，如图 13-33 所示。选择"修改 > 变形 > 水平翻转"命令，将"装饰"实例水平翻转，效果如图 13-34 所示。

图 13-32

图 13-33

图 13-34

（6）选中"右装饰"图层的第 20 帧，按 F6 键，插入关键帧。选中"右装饰"图层的第 10 帧，在舞台窗口中选中"装饰"实例，在图形"属性"面板中，选择"色彩效果"选项组，在样式下拉列表中选择"Alpha"选项，将其值设为 0，舞台窗口中的效果如图 13-35 所示。

（7）用鼠标右键单击"右装饰"图层的第 10 帧，在弹出的快捷菜单中选择"创建传统补间"命令，生成传统补间动画。至此，美食类公众号横版海报制作完成，如图 13-36 所示，按 Ctrl+Enter 组合键即可查看效果。

图 13-35

图 13-36

任务 13.3 　制作教师节小动画

13.3.1 　任务分析

本任务是为即将到来的教师节制作一个小动画，要求动画风格温馨，色调温暖。

在设计过程中，使用橘色的背景色，营造温暖的氛围。在画面两侧放置捧鲜花的卡通教师形象与书本、文具等元素，突出宣传主题。在画面中间以简洁的文字升华主题，表达感恩之情。

本任务将使用"新建元件"命令和文本工具制作文字图形元件，使用"时间轴"面板制作人物动画效果，使用"动画预设"面板制作文字动画效果，使用"创建传统补间"命令制作传统补间动画，使用"属性"面板改变实例的透明度。

13.3.2 　任务效果

本任务的效果如图 13-37 所示。

图 13-37

微课

制作教师节
小动画

13.3.3 　任务制作

1. 导入素材并制作图形元件

（1）选择"文件 > 新建"命令，弹出"新建文档"对话框，在"详细信息"选项组中，将"宽"设为 900，"高"设为 500，在"平台类型"下拉列表中选择"ActionScript 3.0"选项，单击"创建"按钮，完成文档的创建。按 Ctrl+J 组合键，弹出"文档设置"对话框，将"舞台颜色"设为黄色

（#EDB800），单击"确定"按钮，完成舞台颜色的修改。

（2）选择"文件 > 导入 > 导入到库"命令，在弹出的"导入到库"对话框中选择云盘"Ch13 > 素材 > 制作教师节小动画"中的"01"～"05"文件，单击"打开"按钮，文件将被导入"库"面板中，如图 13-38 所示。

（3）按 Ctrl+F8 组合键，弹出"创建新元件"对话框，在"名称"文本框中输入"文字 1"，在"类型"下拉列表中选择"图形"选项，单击"确定"按钮，即可新建图形元件"文字 1"，如图 13-39 所示。舞台窗口也随之转换为图形元件的舞台窗口。将"库"面板中的位图"01"拖曳到舞台窗口中，并放置在适当的位置，如图 13-40 所示。

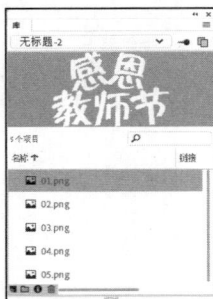
图 13-38

图 13-39

图 13-40

（4）用相同的方法分别将"库"面板中的位图"02""03""05"制作成图形元件"人物""图形""装饰"，如图 13-41、图 13-42 和图 13-43 所示。

图 13-41

图 13-42

图 13-43

（5）在"库"面板中新建 1 个图形元件"文字 2"，舞台窗口也随之转换为图形元件的舞台窗口。选择"文本"工具 **T**，在"属性"面板"工具"选项卡中进行设置，在舞台窗口中的适当位置输入"大小"为 23、字体为"方正准圆简体"的白色文字，文字效果如图 13-44 所示。

（6）选择"选择"工具 ▶，在舞台窗口中选中文字，按 Ctrl+T 组合键，弹出"变形"面板，将"旋转"设为-4.5°，效果如图 13-45 所示。

图 13-44

图 13-45

2. 制作场景动画

（1）单击舞台窗口左上方的图标 ← ，进入"场景 1"的舞台窗口。将"图层_1"重命名为"文字 1"。将"库"面板中的图形元件"文字 1"拖曳到舞台窗口中，并放置在舞台的中心位置，如图 13-46 所示。

（2）保持"文字 1"实例的选取状态，选择"窗口 > 动画预设"命令，弹出"动画预设"面板，单击"默认预设"文件夹前面的倒三角图标，展开默认预设。在"默认预设"文件夹中选择"脉搏"选项，如图 13-47 所示，单击"应用"按钮，应用预设。选中"文字 1"图层的第 90 帧，按 F5 键，即可插入普通帧。

图 13-46

图 13-47

（3）在"时间轴"面板中创建新图层并将其命名为"装饰"。选中"装饰"图层的第 20 帧，按 F6 键，插入关键帧。将"库"面板中的图形元件"装饰"拖曳到舞台窗口中，并放置在适当的位置，如图 13-48 所示。

（4）选中"装饰"图层的第 30 帧，按 F6 键，插入关键帧。选中"装饰"图层的第 20 帧，在舞台窗口中将"装饰"实例水平向左拖曳到适当的位置，如图 13-49 所示。

（5）在"属性"面板"对象"选项卡中，选择"色彩效果"选项组，在样式下拉列表中选择"Alpha"选项，将其值设为 0，舞台窗口中的效果如图 13-50 所示。

图 13-48

图 13-49

图 13-50

（6）用鼠标右键单击"装饰"图层的第 20 帧，在弹出的快捷菜单中选择"创建传统补间"命令，生成传统补间动画。

（7）在"时间轴"面板中创建新图层并将其命名为"人物"。选中"人物"图层的第 20 帧，按 F6 键，插入关键帧。将"库"面板中的图形元件"人物"拖曳到舞台窗口中，并放置在适当的位置，如图 13-51 所示。

（8）选中"人物"图层的第 30 帧，按 F6 键，插入关键帧。选中"人物"图层的第 20 帧，在舞台窗口中将"人物"实例水平向右拖曳到适当的位置，如图 13-52 所示。用鼠标右键单击"人物"图层的第 20 帧，在弹出的快捷菜单中选择"创建传统补间"命令，生成传统补间动画。

（9）在"时间轴"面板中创建新图层并将其命名为"图形"。选中"图形"图层的第 20 帧，按 F6 键，即可插入关键帧。将"库"面板中的图形元件"图形"拖曳到舞台窗口中，并放置在适当的位置，如图 13-53 所示。

图 13-51

图 13-52

图 13-53

（10）选中"图形"图层的第 30 帧，按 F6 键，插入关键帧。选中"图形"图层的第 20 帧，在舞台窗口中，选中"图形"实例，在"属性"面板"对象"选项卡中，选择"色彩效果"选项组，在样式下拉列表中选择"Alpha"选项，将其值设为 0，舞台窗口中的效果如图 13-54 所示。

（11）用鼠标右键单击"图形"图层的第 20 帧，在弹出的快捷菜单中选择"创建传统补间"命令，生成传统补间动画。

（12）在"时间轴"面板中创建新图层并将其命名为"文字 2"。选中"文字 2"图层的第 30 帧，按 F6 键，插入关键帧。将"库"面板中的图形元件"文字 2"拖曳到舞台窗口中，并放置在适当的位置，如图 13-55 所示。

（13）选中"文字 2"图层的第 40 帧，按 F6 键，插入关键帧。选中"文字 2"图层的第 30 帧，在舞台窗口中选中"文字 2"实例，在"属性"面板"对象"选项卡中，选择"色彩效果"选项组，在样式下拉列表中选择"Alpha"选项，将其值设为 0，舞台窗口中的效果如图 13-56 所示。

图 13-54

图 13-55

图 13-56

（14）用鼠标右键单击"文字 2"图层的第 30 帧，在弹出的快捷菜单中选择"创建传统补间"命令，生成传统补间动画。

（15）在"时间轴"面板中创建新图层并将其命名为"彩带"。选中"彩带"图层的第 20 帧，按 F6 键，插入关键帧。将"库"面板中的位图"04"拖曳到舞台窗口中，并放置在适当的位置，如图 13-57 所示。

（16）分别选中"彩带"图层的第 40 帧、第 60 帧、第 80 帧，按 F6 键，插入关键帧。分别选中"彩带"图层的第 30 帧、第 50 帧、第 70 帧，按 F7 键，插入空白关键帧，如图 13-58 所示。至此，教师节小动画制作完成，按 Ctrl+Enter 组合键即可查看效果。

图 13-57

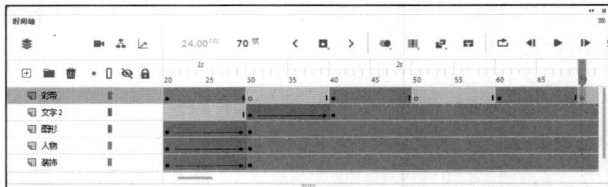
图 13-58

项目实践 ——制作社交媒体类公众号关注页

🔗 实践知识要点

使用"导入到舞台"命令导入素材，使用文本工具输入文字，使用"分离"命令将文字打散，使用墨水瓶工具为文本添加描边，使用颜料桶工具为文字填充颜色，使用"时间轴"面板制作逐帧动画。社交媒体类公众号关注页效果如图 13-59 所示。

图 13-59

微课

制作社交媒体类
公众号关注页

◉ 效果所在位置

云盘/Ch13/效果/制作社交媒体类公众号关注页.fla。

课后习题 ——制作社交媒体类公众号日签

🔗 习题知识要点

使用"导入到舞台"命令导入素材，使用椭圆工具、"柔化填充边缘"命令和"创建补间形状"命令制作月亮发光效果。社交媒体类公众号日签效果如图 13-60 所示。

图 13-60

微课

制作社交媒体类
公众号日签

◉ 效果所在位置

云盘/Ch13/效果/制作社交媒体类公众号日签.fla。

14

项目 14
动态海报设计

项目导入

　　动态海报打破了传统海报平面的展现形式，运用动态图形为用户带来更为深刻的视觉体验与感受，能使用户在更短的时间内接收到海报中的信息。通过学习本项目的内容，学生可以对动态海报设计有基本的了解，并掌握设计与制作动态海报的常用方法。

项目目标

✔ 了解动态海报的功能。
✔ 掌握动态海报的设计思路。
✔ 掌握动态海报的制作方法。
✔ 掌握动态海报的应用技巧。

技能目标

✔ 能够制作节日类动态海报。
✔ 能够制作油泼面广告动态海报。

素养目标

✔ 加深对中华优秀传统文化的热爱。
✔ 提高艺术审美水平。

任务 14.1　了解动态海报设计

动态海报设计指在静态海报的基础之上，让海报进行有目的的动态变化。优秀的动态海报可以让海报信息与动态表现进行很好的融合，令信息在短时间内被用户接收到，并为用户带来全新的视觉体验，如图 14-1 所示。

图 14-1

任务 14.2　制作节日类动态海报

14.2.1　任务分析

春节，指农历正月初一，又叫阴历年，是我国民间最隆重、最热闹的一个传统节日。本任务要制作一款春节动态海报，要表现出春节喜庆祥和的气氛。

在设计过程中，使用红色的背景色，寄托红红火火的美好祝愿。在画面中部，放置打鼓的图片，营造锣鼓喧天、热闹非凡的节日氛围。在画面四周，添加祥云、烟花、松柏和万家灯火元素，寓意幸福美满。在画面中上部，以简洁的文字点明宣传主题，也使海报内容更丰富。

本任务将使用"导入到库"命令导入素材文件，使用"转换为元件"命令将图像转换为图形元件，使用"变形"面板、"属性"面板和"创建传统补间"命令制作敲鼓动画。

14.2.2　任务效果

本任务的效果如图 14-2 所示。

图 14-2

微课

制作节日类动态
海报

14.2.3 任务制作

（1）选择"文件 > 新建"命令，弹出"新建文档"对话框，在"详细信息"选项组中，将"宽"设为 1242，"高"设为 2208，在"平台类型"下拉列表中选择"ActionScript 3.0"选项，单击"创建"按钮，完成文档的创建。

（2）选择"文件 > 导入 > 导入到库"命令，在弹出的"导入到库"对话框中，选择云盘中的"Ch14 > 素材 > 制作节日类动态海报 > 01 ~ 03"文件，单击"打开"按钮，将选中的文件导入"库"面板中，如图 14-3 所示。

（3）将"图层_1"重命名为"底图"。将"库"面板中的位图"01.jpg"拖曳到舞台窗口的中心位置，如图 14-4 所示。选中"底图"图层的第 20 帧，按 F5 键，插入普通帧。

（4）在"时间轴"面板中创建新图层并将其命名为"鼓棒 1"。将"库"面板中的位图"03.png"拖曳到舞台窗口中，并放置在适当的位置，如图 14-5 所示。

图 14-3

图 14-4

图 14-5

（5）保持图像的选取状态，按 F8 键，在弹出的"转换为元件"对话框中进行设置，如图 14-6 所示，设置完成后，单击"确定"按钮，将图像转换为图形元件"鼓棒"，如图 14-7 所示。

图 14-6

图 14-7

（6）分别选中"鼓棒 1"图层的第 5 帧、第 10 帧，按 F6 键，插入关键帧。选中"鼓棒 1"图层的第 5 帧，在舞台窗口中将"鼓棒"实例拖曳到适当的位置，如图 14-8 所示。

（7）分别用鼠标右键单击"鼓棒 1"图层的第 1 帧、第 5 帧，在弹出的快捷菜单中选择"创建传统补间"命令，生成传统补间动画。

（8）在"时间轴"面板中创建新图层并将其命名为"响花 1"。选中"响花 1"图层的第 5 帧，按 F6 键，插入关键帧。将"库"面板中的位图"02.png"拖曳到舞台窗口中，并放置在适当的位置，如图 14-9 所示。

（9）保持图像的选取状态，按 F8 键，在弹出的"转换为元件"对话框中进行设置，如图 14-10 所示，设置完成后，单击"确定"按钮，将图像转换为图形元件"响花"。

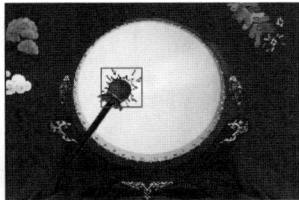

图 14-8　　　　　　　　　　　　图 14-9　　　　　　　　　　　　图 14-10

（10）选中"响花 1"图层的第 8 帧，按 F6 键，插入关键帧。按 Ctrl+T 组合键，弹出"变形"面板，将"缩放宽度""缩放高度"均设为 120.0%，效果如图 14-11 所示。

（11）在"属性"面板"对象"选项卡中，选择"色彩效果"选项组，在样式下拉列表中选择"Alpha"选项，将其值设为 0，舞台窗口中的效果如图 14-12 所示。

图 14-11　　　　　　　　　　　　　　　　　　　　图 14-12

（12）用鼠标右键单击"响花 1"图层的第 5 帧，在弹出的快捷菜单中选择"创建传统补间"命令，生成传统补间动画。将"鼓棒 1"图层拖曳到"响花 1"图层的上方，如图 14-13 所示，效果如图 14-14 所示。

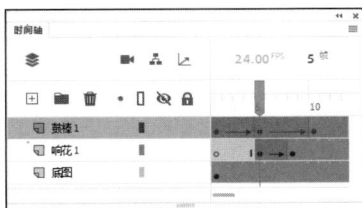

图 14-13　　　　　　　　　　　　　　　　　　　　图 14-14

（13）在"时间轴"面板中创建新图层并将其命名为"鼓棒 2"。将"库"面板中的图形元件"鼓棒"拖曳到舞台窗口中，如图 14-15 所示。选择"修改 > 变形 > 水平翻转"命令，将"鼓棒"实例水平翻转，效果如图 14-16 所示。

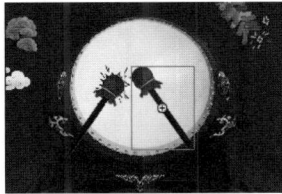

图 14-15　　　　　　　　　　　　　　　　　　　　图 14-16

（14）选择"选择"工具▶，在舞台窗口中将右侧的"鼓棒"实例拖曳到适当的位置，如图 14-17 所示。分别选中"鼓棒 2"图层的第 10 帧、第 15 帧、第 20 帧，按 F6 键，插入关键帧。选中"鼓棒 2"图层的第 15 帧，将舞台窗口中的"鼓棒"实例拖曳到适当的位置，如图 14-18 所示。

图 14-17

图 14-18

（15）分别用鼠标右键单击"鼓棒 2"图层的第 10 帧、第 15 帧，在弹出的快捷菜单中选择"创建传统补间"命令，生成传统补间动画。

（16）在"时间轴"面板中创建新图层并将其命名为"响花 2"。选中"响花 2"图层的第 15 帧，按 F6 键，插入关键帧。将"库"面板中的图形元件"响花"拖曳到舞台窗口中，并放置在适当的位置，如图 14-19 所示。

（17）选中"响花 2"图层的第 18 帧，按 F6 键，插入关键帧。按 Ctrl+T 组合键，弹出"变形"面板，将"缩放宽度""缩放高度"均设为 120.0%，效果如图 14-20 所示。在"属性"面板"对象"选项卡中，选择"色彩效果"选项组，在样式下拉列表中选择"Alpha"选项，将其值设为 0，舞台窗口中的效果如图 14-21 所示。

图 14-19

图 14-20

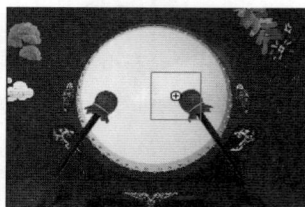
图 14-21

（18）用鼠标右键单击"响花 2"图层的第 15 帧，在弹出的快捷菜单中选择"创建传统补间"命令，生成传统补间动画。

（19）在"时间轴"面板中将"响花 2"图层拖曳到"鼓棒 2"图层的下方，如图 14-22 所示，效果如图 14-23 所示。至此，节日类动态海报制作完成，按 Ctrl+Enter 组合键即可查看效果。

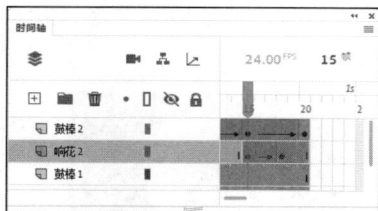
图 14-22

图 14-23

任务 14.3　制作油泼面广告动态海报

14.3.1　任务分析

美味汇是一家主营陕西美食的餐饮公司，现要求制作一款动态海报，要能体现出陕西文化，重点突出招牌油泼面。

在设计过程中，使用红色作为底色彰显热情和活力，而且红色是陕西传统颜色之一。背景中的大雁塔和祥云凸显了陕西悠久的历史和深厚的文化底蕴。前景中的油泼面实物图片令人垂涎欲滴，红彤彤的辣椒也带出了陕西人民豪爽的性格。醒目的白色文字令宣传主题得以凝聚，令人过目不忘。

本任务将使用"导入到库"命令导入素材并制作图形元件，使用"创建传统补间"命令制作传统补间动画，使用"时间轴"面板控制动画的出场时间。

14.3.2　任务效果

本任务的效果如图 14-24 所示。

图 14-24

微课

制作油泼面
广告动态海报

14.3.3　任务制作

1. 新建文档并创建元件

（1）选择"文件 > 新建"命令，弹出"新建文档"对话框，在"详细信息"选项组中，将"宽"设为 750，"高"设为 1181，在"平台类型"下拉列表中选择"ActionScript 3.0"选项，单击"创建"按钮，完成文档的创建。按 Ctrl+J 组合键，弹出"文档设置"对话框，将"舞台颜色"设为深灰色（#333333），单击"确定"按钮，完成舞台颜色的修改。

（2）选择"文件 > 导入 > 导入到库"命令，在弹出的"导入到库"对话框中，选择云盘中的"Ch14 > 素材 > 制作油泼面广告动态海报 > 01 ～ 07"文件，单击"打开"按钮，将选中的文件导入"库"面板中，如图 14-25 所示。

（3）按 Ctrl+F8 组合键，弹出"创建新元件"对话框，在"名称"文本框中输入"云"，在"类型"下拉列表中选择"图形"选项，单击"确定"按钮，新建图形元件"云"，如图 14-26 所示。舞台窗口也随之转换为图形元件的舞台窗口。将"库"面板中的位图"02.png"拖曳到舞台窗口中，并放置在适当的位置，如图 14-27 所示。

  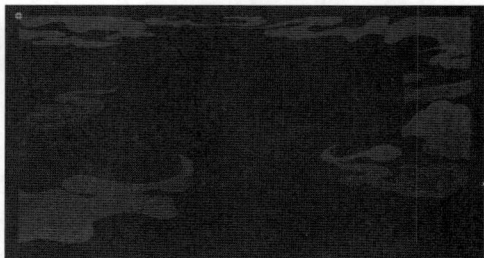

图 14-25   图 14-26   图 14-27

（4）按 Ctrl+F8 组合键，弹出"创建新元件"对话框，在"名称"文本框中输入"文字 1"，在"类型"下拉列表中选择"图形"选项，如图 14-28 所示，单击"确定"按钮，新建图形元件"文字1"。舞台窗口也随之转换为图形元件的舞台窗口。将"库"面板中的位图"04"拖曳到舞台窗口中，并放置在适当的位置，如图 14-29 所示。

图 14-28   图 14-29

（5）用上述的方法将"库"面板中的位图"03""05""06""07"，分别制作成图形元件"文字 2""文字 3""面""装饰"，如图 14-30、图 14-31、图 14-32 和图 14-33 所示。

图 14-30   图 14-31   图 14-32   图 14-33

（6）按 Ctrl+F8 组合键，弹出"创建新元件"对话框，在"名称"文本框中输入"云动"，在"类型"下拉列表中选择"影片剪辑"选项，单击"确定"按钮，新建影片剪辑元件"云动"。舞台窗口也随之转换为影片剪辑元件的舞台窗口。

（7）将"库"面板中的图形元件"云"拖曳到舞台窗口中，并放置在适当的位置，如图 14-34 所示。选中"图层_1"的第 140 帧，按 F6 键，插入关键帧。选中"图层_1"的第 1 帧，在舞台窗口中将"云"实例水平向右拖曳到适当的位置，如图 14-35 所示。

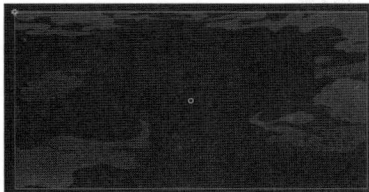

图 14-34

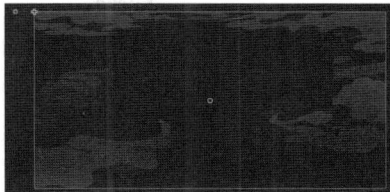

图 14-35

（8）用鼠标右键单击"图层_1"的第 1 帧，在弹出的快捷菜单中选择"创建传统补间"命令，生成传统补间动画。

2．制作场景动画

（1）单击舞台窗口左上方的图标 ←，进入"场景 1"的舞台窗口。将"图层_1"重命名为"底图"。将"库"面板中的位图"01.jpg"拖曳到舞台窗口中，并放置在与舞台中心重叠的位置，如图 14-36 所示。

（2）选中"底图"图层的第 140 帧，按 F5 键，插入普通帧。在"时间轴"面板中创建新图层并将其命名为"云动"。将"库"面板中的影片剪辑元件"云动"拖曳到舞台窗口中，并放置在适当的位置，如图 14-37 所示。

图 14-36

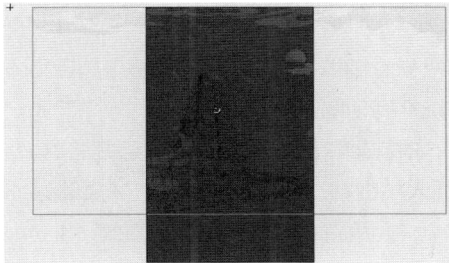

图 14-37

（3）在"时间轴"面板中创建新图层并将其命名为"面"。将"库"面板中的图形元件"面"拖曳到舞台窗口中，并放置在适当的位置，如图 14-38 所示。选中"面"图层的第 20 帧，按 F6 键，插入关键帧。选中"面"图层的第 1 帧，在舞台窗口中，将"面"实例垂直向下拖曳到适当的位置，如图 14-39 所示。

（4）保持"面"实例的选取状态，在"属性"面板"对象"选项卡中，选择"色彩效果"选项组，在样式下拉列表中选择"Alpha"选项，将其值设为 0，舞台窗口中的效果如图 14-40 所示。

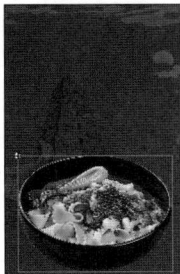

图 14-38

图 14-39

图 14-40

（5）用鼠标右键单击"面"图层的第 1 帧，在弹出的快捷菜单中选择"创建传统补间"命令，生成传统补间动画。

（6）在"时间轴"面板中创建新图层并将其命名为"文字 1"。选中"文字 1"图层的第 20 帧，按 F6 键，插入关键帧。将"库"面板中的图形元件"文字 1"拖曳到舞台窗口中，并放置在适当的位置，如图 14-41 所示。

（7）选中"文字 1"图层的第 40 帧，按 F6 键，插入关键帧。选中"文字 1"图层的第 20 帧，在舞台窗口中，将"文字 1"实例垂直向上拖曳到适当的位置，如图 14-42 所示。保持"文字 1"实例的选取状态，在"属性"面板"对象"选项卡中，选择"色彩效果"选项组，在样式下拉列表中选择"Alpha"选项，将其值设为 0，舞台窗口中的效果如图 14-43 所示。

图 14-41   图 14-42   图 14-43

（8）用鼠标右键单击"文字 1"图层的第 20 帧，在弹出的快捷菜单中选择"创建传统补间"命令，生成传统补间动画。

（9）在"时间轴"面板中创建新图层并将其命名为"文字 2"。选中"文字 2"图层的第 20 帧，按 F6 键，插入关键帧。选中"文字 2"图层的第 40 帧，将"库"面板中的图形元件"文字 2"拖曳到舞台窗口中，并放置在适当的位置，如图 14-44 所示。

（10）选中"文字 2"图层的第 40 帧，按 F6 键，插入关键帧。选中"文字 2"图层的第 20 帧，在舞台窗口中，将"文字 2"实例垂直向下拖曳到适当的位置，如图 14-45 所示。保持"文字 2"实例的选取状态，在"属性"面板"对象"选项卡中，选择"色彩效果"选项组，在样式下拉列表中选择"Alpha"选项，将其值设为 0，舞台窗口中的效果如图 14-46 所示。

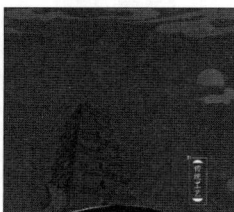
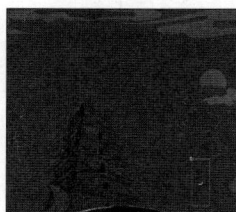

图 14-44   图 14-45   图 14-46

（11）用鼠标右键单击"文字 2"图层的第 20 帧，在弹出的快捷菜单中选择"创建传统补间"命令，生成传统补间动画。

（12）在"时间轴"面板中创建新图层并将其命名为"文字 3"。选中"文字 3"图层的第 30 帧，按 F6 键，插入关键帧。将"库"面板中的图形元件"文字 3"拖曳到舞台窗口中，并放置在适当的位置，如图 14-47 所示。

（13）选中"文字 3"图层的第 50 帧，按 F6 键，插入关键帧。选中"文字 3"图层的第 30 帧，在舞台窗口中，将"文字 3"实例水平向左拖曳到适当的位置，如图 14-48 所示。保持"文字 3"实例的选取状态，在"属性"面板"对象"选项卡中，选择"色彩效果"选项组，在样式下拉列表中选择"Alpha"选项，将其值设为 0，舞台窗口中的效果如图 14-49 所示。

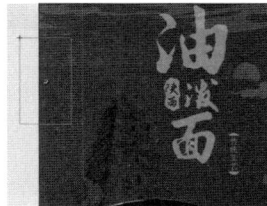

| 图 14-47 | 图 14-48 | 图 14-49 |

（14）用鼠标右键单击"文字 3"图层的第 30 帧，在弹出的快捷菜单中选择"创建传统补间"命令，生成传统补间动画。

（15）在"时间轴"面板中创建新图层并将其命名为"装饰"。选中"装饰"图层的第 10 帧，按 F6 键，插入关键帧。将"库"面板中的图形元件"装饰"拖曳到舞台窗口中，并放置在适当的位置，如图 14-50 所示。

（16）选中"装饰"图层的第 30 帧，按 F6 键，插入关键帧。选中"装饰"图层的第 10 帧，在舞台窗口中，将"装饰"实例垂直向下拖曳到适当的位置，如图 14-51 所示。保持"装饰"实例的选取状态，在"属性"面板"对象"选项卡中，选择"色彩效果"选项组，在样式下拉列表中选择"Alpha"选项，将其值设为 0，舞台窗口中的效果如图 14-52 所示。

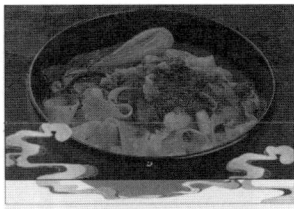

| 图 14-50 | 图 14-51 | 图 14-52 |

（17）用鼠标右键单击"装饰"图层的第 10 帧，在弹出的快捷菜单中选择"创建传统补间"命令，生成传统补间动画。至此，油泼面广告动态海报制作完成，按 Ctrl+Enter 组合键即可查看效果。

项目实践——制作端午节动态海报

🔗 实践知识要点

使用"导入到库"命令导入素材，使用"新建元件"命令制作图形元件，使用"变形"面板和"创建传统补间"命令制作文字动画，使用"从右边飞入"预设制作粽子动画效果，使用"属性"面板制作文字闪白效果。端午节动态海报效果如图 14-53 所示。

图 14-53

效果所在位置

云盘/Ch14/效果/制作端午节动态海报.fla。

课后习题 ——制作甜品类广告动态海报

习题知识要点

使用"导入到库"命令导入素材，使用"时间轴"面板和帧制作文字动画，使用"新建元件"命令制作图形元件，使用"创建传统补间"命令制作阴影动画。甜品类广告动态海报效果如图 14-54 所示。

图 14-54

效果所在位置

云盘/Ch14/效果/制作甜品类广告动态海报.fla。

15

项目 15
电商广告设计

项目导入

　　电商广告是引导用户购买产品的重要宣传媒体之一，其设计效果直接影响着网店的营销效果。通过学习本项目的内容，学生可以对电商广告设计有基本的了解，并掌握设计与制作电商广告的常用方法。

项目目标

- ✔ 了解电商广告的概念。
- ✔ 掌握电商广告的设计思路。
- ✔ 掌握电商广告的制作方法和技巧。

技能目标

- ✔ 能够制作锅具广告。
- ✔ 能够制作空调扇广告。

素养目标

- ✔ 培养商业设计思维。
- ✔ 提高页面布局能力。

任务 15.1　了解电商广告设计

电商广告是指通过电商网站和 App 等互联网媒介，以图像、音频、视频等形式，推销商品或服务的商业广告。电商广告需要对色彩、文字以及商品等元素进行良好的设计，从而激发用户的购买欲，如图 15-1 所示。

图 15-1

任务 15.2　制作锅具广告

15.2.1　任务分析

飞乐达是一家厨具制造公司，致力于为用户提供高效、便捷的烹饪体验。现公司新推出一款汤锅，要求为其制作广告，要能突出新产品的保鲜特色。

在设计过程中，以浅色系的厨房作为背景营造温馨舒适的烹饪环境。在前景右侧，放置汤锅实物图片和新鲜的食材，突出产品的保鲜特性。在前景左侧，用具有层次感的文字加深宣传力度。

本任务将使用"导入到库"命令导入素材并制作图形元件，使用"创建传统补间"命令制作传统补间动画，使用"属性"面板确定实例的具体位置，使用"变形"面板改变实例的大小，使用"遮罩层"命令制作遮罩动画效果。

15.2.2　任务效果

本任务的效果如图 15-2 所示。

图 15-2

微课

制作锅具广告

15.2.3　任务制作

1. 导入素材并制作元件

（1）选择"文件 > 新建"命令，弹出"新建文档"对话框，在"详细信息"选项组中，将"宽"设为 1280，"高"设为 720，在"平台类型"下拉列表中选择"ActionScript 3.0"选项，单击"创建"按钮，完成文档的创建。

（2）选择"文件 > 导入 > 导入到库"命令，在弹出的"导入到库"对话框中，选择云盘中的"Ch15 > 素材 > 制作锅具广告 > 01 ~ 05"文件，单击"打开"按钮，将选中的文件导入"库"面板中。

（3）按 Ctrl+F8 组合键，弹出"创建新元件"对话框，在"名称"文本框中输入"锅盖"，在"类型"下拉列表中选择"图形"选项，单击"确定"按钮，新建图形元件"锅盖，如图 15-3 所示。舞台窗口也随之转换为图形元件的舞台窗口。将"库"面板中的位图"02"拖曳到舞台窗口中，并放置在适当的位置，如图 15-4 所示。

（4）在"库"面板中新建一个图形元件"锅"。将"库"面板中的位图"03"拖曳到舞台窗口中，并放置在适当的位置，如图 15-5 所示。

| 图 15-3 | 图 15-4 | 图 15-5 |

（5）在"库"面板中新建一个图形元件"食物"。将"库"面板中的位图"04"拖曳到舞台窗口中，并放置在适当的位置，如图 15-6 所示。

（6）在"库"面板中新建一个图形元件"文字"。将"库"面板中的位图"05"拖曳到舞台窗口中，并放置在适当的位置，如图 15-7 所示。

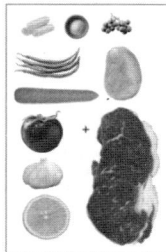

| 图 15-6 | 图 15-7 |

（7）在"库"面板中新建一个影片剪辑元件"矩形动"。选择"基本矩形"工具，在工具箱中将笔触颜色设为无，填充颜色设为蓝色（#00CCFF），在舞台窗口中绘制一个矩形。保持矩形的选取

状态，在"属性"面板"对象"选项卡中，将"宽"设为 606，"高"设为 30，"X""Y"均设为 0，如图 15-8 所示，效果如图 15-9 所示。

图 15-8

图 15-9

（8）按 Ctrl+C 组合键，复制矩形。按 Ctrl+V 组合键，粘贴复制的矩形。保持粘贴矩形的选取状态，在工具箱中将填充颜色设为橘黄色（#FF9900）；在"属性"面板"对象"选项卡中，将"X"设为 0，"Y"设为 30，如图 15-10 所示，效果如图 15-11 所示。

图 15-10

图 15-11

（9）在"时间轴"面板中，单击"图层_1"图层，将该图层中的图形全部选中。选择"选择"工具▶，按住 Alt+Shift 组合键的同时，按住鼠标左键不放，垂直向下拖曳选中的矩形，使得蓝色矩形的上边线与橘黄色矩形的下边线重叠，以复制图形，效果如图 15-12 所示。按 Ctrl+Y 组合键 5 次，重复复制图形，效果如图 15-13 所示。

图 15-12

图 15-13

（10）按住 Shift 键的同时，选中所有蓝色矩形，如图 15-14 所示。按 F8 键，在弹出的"转换为元件"对话框中进行设置，如图 15-15 所示，设置完成后，单击"确定"按钮，将选中的图形转换为图形元件"矩形 1"。

图 15-14

图 15-15

（11）用相同的方法将所有橘黄色矩形转换为图形元件"矩形 2"，如图 15-16 所示。单击"图层_1"图层，将该图层中的对象全部选中。选择"修改 > 时间轴 > 分散到图层"命令，将该图层中的对象分散到独立图层，如图 15-17 所示。

图 15-16

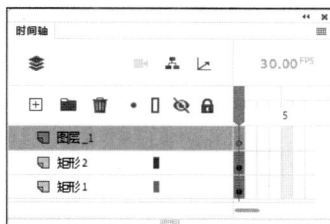
图 15-17

（12）分别选中"矩形 1"图层和"矩形 2"图层的第 15 帧，按 F6 键，插入关键帧。选中"矩形 1"图层的第 1 帧，在舞台窗口中，选中"矩形 1"实例，在"属性"面板"对象"选项卡中，将"X"设为−606，如图 15-18 所示。

（13）选中"矩形 2"图层的第 1 帧，在舞台窗口中，选中"矩形 2"实例，在"属性"面板"对象"选项卡中，将"X"设为 606，如图 15-19 所示。

（14）分别用鼠标右键单击"图层_1"图层和"图层_2"图层的第 1 帧，在弹出的快捷菜单中，选择"创建传统补间"命令，生成传统补间动画。

（15）将"图层_1"重命名为"动作脚本"。选中"动作脚本"图层的第 15 帧，按 F6 键，插入关键帧；并在该关键帧上单击鼠标右键，在弹出的快捷菜单中选择"动作"命令，在弹出的"动作"面板中设置脚本语言。"脚本窗口"中显示的效果如图 15-20 所示。

图 15-18

图 15-19

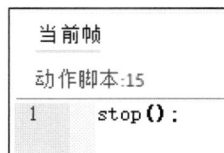
图 15-20

2. 制作场景动画

（1）单击舞台窗口左上方的图标 ←，进入"场景 1"的舞台窗口。将"图层_1"重命名为"底图"。将"库"面板中的位图"01.jpg"拖曳到舞台窗口中，并放置在与舞台中心重叠的位置，如图 15-21 所示。选中"底图"图层的第 180 帧，按 F5 键，插入普通帧。

（2）在"时间轴"面板中创建新图层并将其命名为"锅盖"。将"库"面板中的图形元件"锅盖"拖曳到舞台窗口中，并在"属性"面板"对象"选项卡中，将"X"设为 761，"Y"设为 58，效果如图 15-22 所示。

图 15-21

图 15-22

（3）选中"锅盖"图层的第 10 帧，按 F6 键，插入关键帧。选中"锅盖"图层的第 1 帧，在舞台窗口中，将"锅盖"实例垂直向上拖曳到适当的位置，如图 15-23 所示。用鼠标右键单击"锅盖"图层的第 1 帧，在弹出的快捷菜单中选择"创建传统补间"命令，生成传统补间动画。

（4）在"时间轴"面板中创建新图层并将其命名为"锅"。将"库"面板中的图形元件"锅"拖曳到舞台窗口中，并在"属性"面板"对象"选项卡中，将"X"设为 716，"Y"设为 403，效果如图 15-24 所示。

图 15-23

图 15-24

（5）选中"锅"图层的第 10 帧，按 F6 键，插入关键帧。选中"锅"图层的第 1 帧，在舞台窗口中，将"锅"实例垂直向下拖曳到适当的位置，如图 15-25 所示。用鼠标右键单击"锅"图层的第 1 帧，在弹出的快捷菜单中选择"创建传统补间"命令，生成传统补间动画。

（6）在"时间轴"面板中创建新图层并将其命名为"食物"。选中"食物"图层的第 10 帧，按 F6 键，插入关键帧。将"库"面板中的图形元件"食物"拖曳到舞台窗口中，并放置在适当的位置，如图 15-26 所示。

图 15-25

图 15-26

（7）选中"食物"图层的第 15 帧，按 F6 键，插入关键帧。选中"食物"图层的第 10 帧，按 Ctrl+T 组合键，弹出"变形"面板，将"缩放宽度""缩放高度"均设为 0%，舞台窗口中的效果如图 15-27 所示。

（8）用鼠标右键单击"食物"图层的第 10 帧，在弹出的快捷菜单中选择"创建传统补间"命令，生成传统补间动画。

（9）在"时间轴"面板中创建新图层并将其命名为"文字"。选中"文字"图层的第 30 帧，按 F6 键，插入关键帧。将"库"面板中的图形元件"文字"拖曳到舞台窗口中，并放置在适当的位置，如图 15-28 所示。

图 15-27

图 15-28

（10）在"时间轴"面板中创建新图层并将其命名为"矩形"。选中"矩形"图层的第 30 帧，按 F6 键，插入关键帧。将"库"面板中的影片剪辑元件"矩形动"拖曳到舞台窗口中，并放置在适当的位置，如图 15-29 所示。

（11）用鼠标右键单击"矩形"图层，在弹出的快捷菜单中选择"遮罩层"命令，将"矩形"图层设为遮罩层，"文字"图层设为被遮罩层，如图 15-30 所示。至此，锅具广告制作完成，按 Ctrl+Enter 组合键即可查看效果。

图 15-29

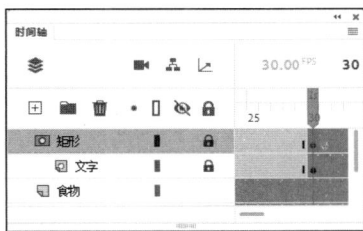

图 15-30

任务 15.3　制作空调扇广告

15.3.1　任务分析

戴森尔是一家网上购物商城，以销售家电、数码通信产品为主。该商城现推出新型变频空调扇，要制作一款广告，要求突出产品的急速制冷功能。

在设计过程中，使用浅灰色的背景，与产品色系搭配，也在视觉上降温。飞舞的树叶突出空调扇的风力与制冷功能。画面中间的文字加强了宣传力度，并展示了优惠信息，吸引顾客选购。

本任务将使用"导入到库"命令导入素材，使用"新建元件"命令和文本工具制作图形元件，使用"分散到图层"命令制作功能动画，使用"创建传统补间"命令制作传统补间动画，使用"属性"面板调整实例的透明度。

15.3.2 任务效果

本任务的效果如图 15-31 所示。

图 15-31

微课

制作空调扇广告

15.3.3 任务制作

1. 导入素材并制作图形

（1）选择"文件 > 新建"命令，弹出"新建文档"对话框，在"详细信息"选项组中，将"宽"设为 1920，"高"设为 800，在"平台类型"下拉列表中选择"ActionScript 3.0"选项，单击"创建"按钮，完成文档的创建。

（2）选择"文件 > 导入 > 导入到库"命令，在弹出的"导入到库"对话框中，选择云盘中的"Ch15 > 素材 > 制作空调扇广告 > 01 ~ 03"文件，单击"打开"按钮，将选中的文件导入"库"面板中，如图 15-32 所示。

（3）按 Ctrl+F8 组合键，弹出"创建新元件"对话框，在"名称"文本框中输入"空调扇"，在"类型"下拉列表中选择"图形"选项，单击"确定"按钮，新建图形元件"空调扇"，如图 15-33 所示。舞台窗口也随之转换为图形元件的舞台窗口。将"库"面板中的位图"02.png"拖曳到舞台窗口中，并放置在适当的位置，如图 15-34 所示。

图 15-32

图 15-33

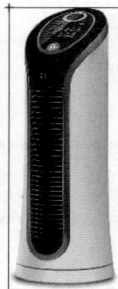

图 15-34

（4）在"库"面板中新建一个图形元件"树叶"，舞台窗口也随之转换为图形元件的舞台窗口。将"库"面板中的位图"03.png"拖曳到舞台窗口中，并放置在适当的位置，如图 15-35 所示。

（5）在"库"面板中新建一个图形元件"文字 1"，舞台窗口也随之转换为图形元件的舞台窗口。选择"文本"工具 **T**，在"属性"面板"工具"选项卡中进行设置，在舞台窗口中适当的位置输入"大小"为 90、字体为"方正兰亭大黑简体"的蓝色（#02709D）文字，文字效果如图 15-36 所示。

图 15-35

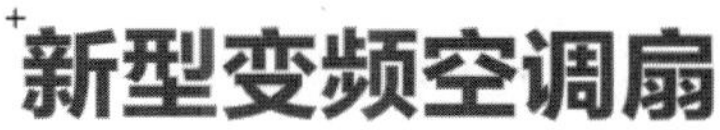

新型变频空调扇

图 15-36

（6）在"库"面板中新建一个图形元件"文字2"，舞台窗口也随之转换为图形元件的舞台窗口。选择"文本"工具 **T**，在"属性"面板"工具"选项卡中进行设置，在舞台窗口中适当的位置输入"大小"为 65、字体为"方正兰亭大黑简体"的蓝色（#02709D）文字，文字效果如图 15-37 所示。用相同的方法制作图形元件"文字3"，如图 15-38 所示。

4500W急速制冷

图 15-37

图 15-38

（7）在"库"面板中新建一个图形元件"智能调节"，舞台窗口也随之转换为图形元件的舞台窗口。选择"基本矩形"工具 ，在工具箱中将笔触颜色设为无，填充颜色设为橙黄色（#F53F00），在舞台窗口中绘制 1 个矩形。

（8）选择"选择"工具 ，在舞台窗口中选中矩形，在"属性"面板"对象"选项卡中，将"宽"设为 78，"高"设为 37，"X""Y"均设为 0，"矩形边角半径"选项设为 5，如图 15-39 所示，效果如图 15-40 所示。

（9）选择"文本"工具 **T**，在"属性"面板"工具"选项卡中进行设置，在舞台窗口中适当的位置输入"大小"为 16、字体为"方正准圆简体"的白色文字，文字效果如图 15-41 所示。

图 15-39

图 15-40

图 15-41

（10）用上述的方法制作图形元件"送风温和""超低噪声""高倍净化"，如图 15-42、图 15-43 和图 15-44 所示。

图 15-42

图 15-43

图 15-44

2. 制作影片剪辑元件

（1）在"库"面板中新建一个影片剪辑元件"树叶动"，舞台窗口也随之转换为影片剪辑元件的舞台窗口。将"库"面板中的图形元件"树叶"拖曳到舞台窗口中，并放置在适当的位置，如图 15-45 所示。

（2）选中"图层_1"的第 40 帧，按 F6 键，插入关键帧。将舞台窗口中的"树叶"实例拖曳到适当的位置。在"属性"面板"对象"选项卡中，选择"色彩效果"选项组，在样式下拉列表中选择"Alpha"选项，将其值设为 0，舞台窗口中的效果如图 15-46 所示。

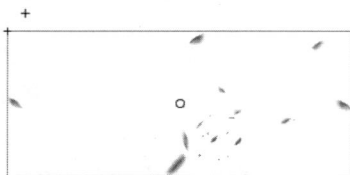

图 15-45

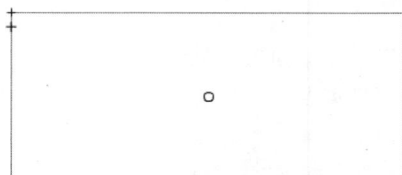

图 15-46

（3）用鼠标右键单击"图层_1"的第 1 帧，在弹出的快捷菜单中选择"创建传统补间"命令，生成传统补间动画。

（4）在"库"面板中新建一个影片剪辑元件"文字动"，舞台窗口也随之转换为影片剪辑元件的舞台窗口。分别将"库"面板中的图形元件"智能调节""超低噪声""送风温和""高倍净化"拖曳到舞台窗口中，并放置在适当的位置，如图 15-47 所示。

（5）按 Ctrl+A 组合键，将舞台窗口中的实例全部选中。按 Ctrl+K 组合键，弹出"对齐"面板，单击"垂直中齐"按钮 ▉ 和"水平居中分布"按钮 ▋▋，效果如图 15-48 所示。

图 15-47

图 15-48

（6）保持实例的选取状态，在"属性"面板"对象"选项卡中，将"Y"设为 0。选择"修改 > 时间轴 > 分散到图层"命令，将所有实例分散到独立图层，如图 15-49 所示。将"图层_1"删除，如图 15-50 所示。分别选中所有图层的第 10 帧、第 20 帧，按 F6 键，插入关键帧，如图 15-51 所示。

图 15-49

图 15-50

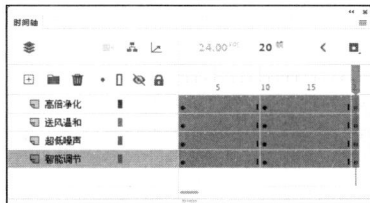
图 15-51

（7）选中"高倍净化"图层的第 10 帧，在舞台窗口中将所有实例选中，在"属性"面板"对象"选项卡中，将"Y"设为 66，如图 15-52 所示，效果如图 15-53 所示。

图 15-52

图 15-53

（8）选中"高倍净化"图层的第 1 帧，在舞台窗口中将所有实例选中，在"属性"面板"对象"选项卡中，选择"色彩效果"选项组，在样式下拉列表中选择"Alpha"选项，将其值设为 0，如图 15-54 所示，舞台窗口中的效果如图 15-55 所示。

图 15-54

图 15-55

（9）分别用鼠标右键单击所有图层的第 1 帧，在弹出的快捷菜单中选择"创建传统补间"命令，生成传统补间动画，如图 15-56 所示。分别用鼠标右键单击所有图层的第 10 帧，在弹出的快捷菜单中选择"创建传统补间"命令，生成传统补间动画，如图 15-57 所示。

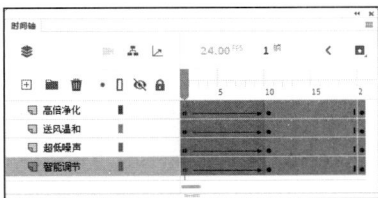
图 15-56

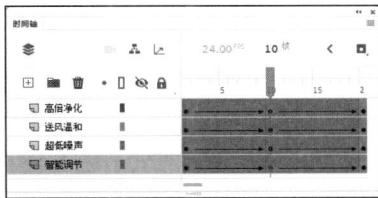
图 15-57

（10）单击"超低噪声"图层的名称，选中该图层中的所有帧，将所有帧向后拖曳至与"智能调节"图层隔 5 帧的位置，如图 15-58 所示。用同样的方法依次对其他图层进行操作，如图 15-59 所示。

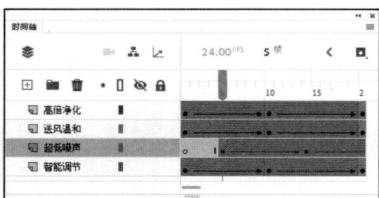

图 15-58

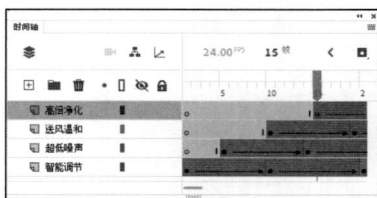

图 15-59

（11）选中所有图层的第 35 帧，按 F5 键，插入普通帧，如图 15-60 所示。在"时间轴"面板中创建新图层并将其命名为"动作脚本"。选中"动作脚本"图层的第 35 帧，按 F6 键，插入关键帧。选择"窗口 > 动作"命令，弹出"动作"面板，在"脚本窗口"中设置脚本语言，如图 15-61 所示。设置好动作脚本后，关闭"动作"面板。在"动作脚本"图层的第 35 帧上显示出一个标记"a"。

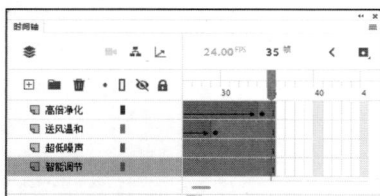

图 15-60

图 15-61

3. 制作场景动画

（1）单击舞台窗口左上方的图标 ← ，进入"场景 1"的舞台窗口。将"图层_1"重命名为"底图"。将"库"面板中的位图"01.jpg"拖曳到舞台窗口的中心位置，如图 15-62 所示。选中"底图"图层的第 120 帧，按 F5 键，插入普通帧。

（2）在"时间轴"面板中创建新图层并将其命名为"空调扇"。将"库"面板中的图形元件"空调扇"拖曳到舞台窗口中，并放置在适当的位置，如图 15-63 所示。

图 15-62

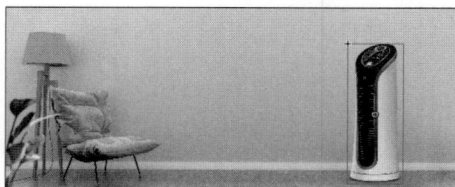

图 15-63

（3）选中"空调扇"图层的第 10 帧，按 F6 键，插入关键帧。选中"空调扇"图层的第 1 帧，在舞台窗口中将"空调扇"实例水平向右拖曳到适当的位置，如图 15-64 所示。

（4）在"属性"面板"对象"选项卡中，选择"色彩效果"选项组，在样式下拉列表中选择"Alpha"选项，将其值设为 0，舞台窗口中的效果如图 15-65 所示。

图 15-64

图 15-65

（5）用鼠标右键单击"空调扇"图层的第 1 帧，在弹出的快捷菜单中选择"创建传统补间"命令，生成传统补间动画。

（6）在"时间轴"面板中创建新图层并将其命名为"树叶"。选中"树叶"图层的第 10 帧，按 F6 键，插入关键帧。将"库"面板中的影片剪辑元件"树叶动"拖曳到舞台窗口中，并放置在适当的位置，如图 15-66 所示。

（7）在"时间轴"面板中创建新图层并将其命名为"标志"。选中"标志"图层的第 1 帧，选择"文本"工具 **T**，在"属性"面板"工具"选项卡中进行设置，在舞台窗口中适当的位置输入"大小"为 57、字体为"方正兰亭中黑简体"的黑色文字，文字效果如图 15-67 所示。

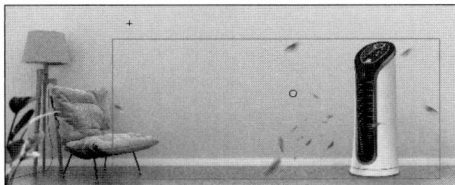

图 15-66

图 15-67

（8）在"时间轴"面板中单击"标志"图层，将该图层中的文字选中，如图 15-68 所示。按 F8 键，在弹出的"转换为元件"对话框中进行设置，如图 15-69 所示，设置完成后，单击"确定"按钮，将选中的文字转换为图形元件"标志"。

图 15-68

图 15-69

（9）选中"标志"图层的第 10 帧，按 F6 键，插入关键帧。选中"标志"图层的第 1 帧，在舞台窗口中将"标志"实例水平向左拖曳到适当的位置，如图 15-70 所示。在"属性"面板"对象"选项卡中，选择"色彩效果"选项组，在样式下拉列表中选择"Alpha"选项，将其值设为 0，舞台窗口中的效果如图 15-71 所示。

图 15-70

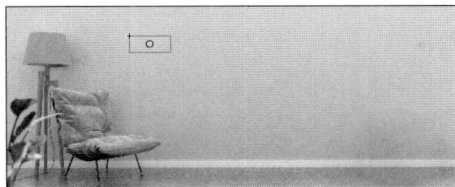

图 15-71

（10）用鼠标右键单击"标志"图层的第 1 帧，在弹出的快捷菜单中选择"创建传统补间"命令，生成传统补间动画。

（11）在"时间轴"面板中创建新图层并将其命名为"文字 1"。选中"文字 1"图层的第 10 帧，按 F6 键，插入关键帧。将"库"面板中的图形元件"文字 1"拖曳到舞台窗口中，并放置在适当的位置，如图 15-72 所示。

（12）选中"文字1"图层的第20帧，按F6键，插入关键帧。选中"文字1"图层的第10帧，在舞台窗口中选中"文字1"实例，在"属性"面板"对象"选项卡中，选择"色彩效果"选项组，在样式下拉列表中选择"Alpha"选项，将其值设为0，舞台窗口中的效果如图15-73所示。

图 15-72

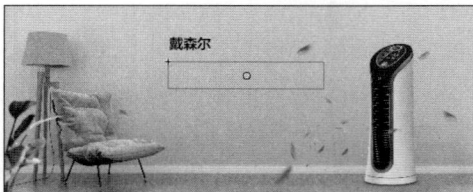

图 15-73

（13）用鼠标右键单击"文字1"图层的第10帧，在弹出的快捷菜单中选择"创建传统补间"命令，生成传统补间动画。

（14）在"时间轴"面板中创建新图层并将其命名为"文字2"。选中"文字2"图层的第15帧，按F6键，插入关键帧。将"库"面板中的图形元件"文字2"拖曳到舞台窗口中，并放置在适当的位置，如图15-74所示。

（15）选中"文字2"图层的第25帧，按F6键，插入关键帧。选中"文字2"图层的第15帧，在舞台窗口中选中"文字2"实例，在"属性"面板"对象"选项卡中，选择"色彩效果"选项组，在样式下拉列表中选择"Alpha"选项，将其值设为0，舞台窗口中的效果如图15-75所示。

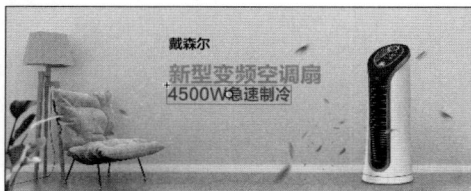

图 15-74

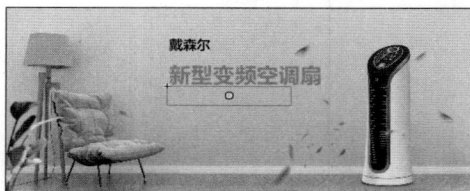

图 15-75

（16）用鼠标右键单击"文字2"图层的第15帧，在弹出的快捷菜单中选择"创建传统补间"命令，生成传统补间动画。

（17）在"时间轴"面板中创建新图层并将其命名为"动态文字"。选中"动态文字"图层的第25帧，按F6键，插入关键帧。将"库"面板中的图形元件"文字动"拖曳到舞台窗口中，并放置在适当的位置，如图15-76所示。

（18）在"时间轴"面板中创建新图层并将其命名为"文字3"。选中"文字3"图层的第55帧，按F6键，插入关键帧。将"库"面板中的图形元件"文字3"拖曳到舞台窗口中，并放置在适当的位置，如图15-77所示。

图 15-76

图 15-77

（19）选中"文字 3"图层的第 65 帧，按 F6 键，插入关键帧。选中"文字 3"图层的第 55 帧，在舞台窗口中将"文字 3"实例垂直向下拖曳到适当的位置，如图 15-78 所示。在"属性"面板"对象"选项卡中，选择"色彩效果"选项组，在样式下拉列表中选择"Alpha"选项，将其值设为 0，舞台窗口中的效果如图 15-79 所示。

图 15-78

图 15-79

（20）用鼠标右键单击"文字 3"图层的第 55 帧，在弹出的快捷菜单中选择"创建传统补间"命令，生成传统补间动画。至此，空调扇广告制作完成，效果如图 15-80 所示，按 Ctrl+Enter 组合键即可查看。

图 15-80

项目实践——制作美妆广告

🔗 实践知识要点

使用"导入到库"命令导入素材，使用"新建元件"命令制作图形元件和影片剪辑元件，使用"创建传统补间"命令制作传统补间动画，使用"动作"面板设置脚本语言。美妆广告效果如图 15-81 所示。

图 15-81

微课

制作美妆广告

◎ 效果所在位置

云盘/Ch15/效果/制作美妆广告.fla。

课后习题 ——制作女装广告

习题知识要点

使用"导入到库"命令导入素材文件并创建图形元件，使用"新建元件"命令、矩形工具和"创建补间形状"命令制作百叶窗动画效果，使用"创建传统补间"命令制作文字动画效果，使用"遮罩层"命令制作文字遮罩效果。女装广告效果如图 15-82 所示。

图 15-82

效果所在位置

云盘/Ch15/效果/制作女装广告.fla。

项目 16
节目片头设计

16

项目导入

　　节目片头虽然时长较短，却是一档节目内容和性质的高度体现，必须让观众眼前一亮。通过学习本项目的内容，学生可以对节目片头设计有基本的了解，并掌握设计与制作节目片头的常用方法。

项目目标

- ✔ 了解节目片头的作用。
- ✔ 掌握节目片头的设计思路。
- ✔ 掌握节目片头的制作方法和技巧。

技能目标

- ✔ 能够制作家居装修 MG 动画片头。
- ✔ 能够制作电子数码 MG 动画片头。

素养目标

- ✔ 提高影视鉴赏水平。
- ✔ 培养商业设计思维。

任务 16.1　了解节目片头设计

　　节目片头是节目开始的标志，是对节目内容的再创作，展现了节目的内容和性质，其时长通常在 15～30s。优秀的片头往往在内容表达、技术含量以及艺术表现上有着很高的要求，能起到为节目锦上添花、画龙点睛的作用，如图 16-1 所示。

图 16-1

任务 16.2　制作家居装修 MG 动画片头

16.2.1　任务分析

　　座儿家具是一家生产现代简约风格的家具设计公司。为展示公司的系列家具，该公司决定制作一个 MG 动画片头，用以宣传品牌和产品，要求风格现代，突出品牌特色。

　　在设计过程中，画面选择雅致、沉稳的背景色，突出家具的线条和造型，凸显现代简约风格的美感。通过快速切换场景和文字的置入，增加视觉冲击感。片头整体风格年轻、时尚，与品牌特性一致。

　　本任务将使用文本工具输入文字，使用"转换为元件"命令将输入的文字转换为元件，使用"创建传统补间"命令生成传统补间动画，使用"动作"面板添加脚本语言。

16.2.2　任务效果

　　本任务的效果如图 16-2 所示。

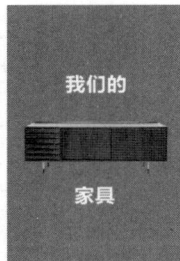

图 16-2

微课

制作家居装修
MG 动画片头 1

微课

制作家居装修
MG 动画片头 2

微课

制作家居装修
MG 动画片头 3

微课

制作家居装修
MG 动画片头 4

16.2.3　任务制作

1．制作图形元件和画面 1 动画

　　（1）选择"文件 > 新建"命令，弹出"新建文档"对话框，在"详细信息"选项组中，将"宽"设为 1000，"高"设为 1500，在"平台类型"下拉列表中选择"ActionScript 3.0"选项，单击"创

建"按钮，完成文档的创建。按 Ctrl+J 组合键，弹出"文档设置"对话框，将"舞台颜色"设为橘黄色（#FF9900），单击"确定"按钮，完成舞台颜色的修改。

（2）选择"文件 > 导入 > 导入到库"命令，在弹出的"导入到库"对话框中，选择云盘中的"Ch16 > 素材 > 制作家居装修 MG 动画片头 > 01 ~ 05"文件，单击"打开"按钮，将选中的文件导入"库"面板中。

（3）按 Ctrl+F8 组合键，弹出"创建新元件"对话框，在"名称"文本框中输入"椅子 1"，在"类型"下拉列表中选择"图形"选项，单击"确定"按钮，新建图形元件"椅子 1"，如图 16-3 所示。舞台窗口也随之转换为图形元件的舞台窗口。将"库"面板中的位图"02"拖曳到舞台窗口中，并放置在适当的位置，如图 16-4 所示。

（4）用上述的方法将"库"面板中的位图"03""05"，分别制作成图形元件"椅子 2""沙发"，如图 16-5 和图 16-6 所示。

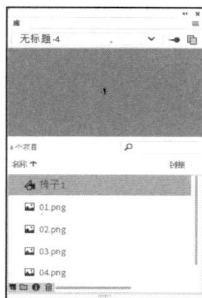

图 16-3　　　　　　　图 16-4　　　　　　　图 16-5　　　　　　　图 16-6

（5）单击舞台窗口左上方的图标 ←，进入"场景 1"的舞台窗口。将"图层_1"图层重命名为"底色"。选择"基本矩形"工具 ，在工具箱中将笔触颜色设为无，填充颜色设为褐色（#B9907A），在舞台窗口中绘制 1 个矩形。保持矩形的选取状态，在"属性"面板"对象"选项卡中，将"宽"设为 1000，"高"设为 1500，"X""Y"均设为 0，效果如图 16-7 所示。

（6）在"时间轴"面板中创建新图层并将其命名为"家具"。将"库"面板中的位图"01"拖曳到舞台窗口中，并放置在适当的位置，如图 16-8 所示。

（7）在"时间轴"面板中创建新图层并将其命名为"文字 1"。选择"文本"工具 T，在"属性"面板"工具"选项卡中进行设置，在舞台窗口中的适当位置输入"大小"为 116、字体为"方正兰亭粗黑简体"的白色文字，并设置对齐方式为"居中对齐"，文字效果如图 16-9 所示。

（8）选中"文字 1"图层的第 5 帧，按 F6 键，插入关键帧。选中文字，在"属性"面板"对象"选项卡中，设置字母间距为 20，效果如图 16-10 所示。

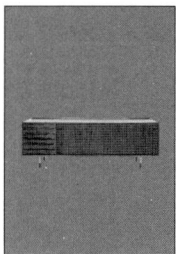
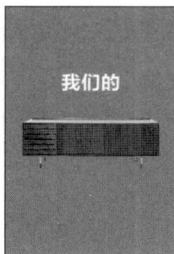

图 16-7　　　　　　　图 16-8　　　　　　　图 16-9　　　　　　　图 16-10

（9）选中"文字 1"图层的第 10 帧，按 F6 键，插入关键帧。按 Ctrl+B 组合键，将文字分离，如图 16-11 所示。在"颜色"面板中，将"A"设为 50％，如图 16-12 所示，效果如图 16-13 所示。

（10）在"时间轴"面板中创建新图层并将其命名为"文字 2"。选中"文字 2"图层的第 15 帧，按 F6 键，插入关键帧。选择"文本"工具 T，在"属性"面板"工具"选项卡中进行设置，在舞台窗口中的适当位置输入"大小"为 116、字体为"方正兰亭粗黑简体"的白色文字，文字效果如图 16-14 所示。

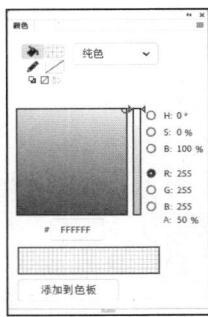

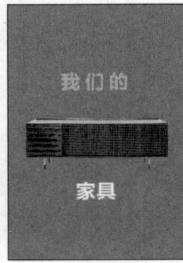

图 16-11　　　　　　　图 16-12　　　　　　　图 16-13　　　　　　　图 16-14

（11）分别选中"家具"图层、"文字 1"图层和"文字 2"图层的第 29 帧，按 F7 键，插入空白关键帧。选中"底色"图层的第 29 帧，按 F6 键，插入关键帧。

2. 制作画面 2 动画

（1）选中"底色"图层，在舞台窗口中选中矩形，在工具箱中将填充颜色设为灰色（#9FACB2），效果如图 16-15 所示。

（2）选中"文字 2"图层，在"时间轴"面板中创建新图层并将其命名为"椅子 1"。选中"椅子 1"图层的第 30 帧，按 F6 键，插入关键帧。将"库"面板中的图形元件"椅子 1"拖曳到舞台窗口中，并放置在适当的位置，如图 16-16 所示。

（3）选中"椅子 1"图层的第 35 帧，按 F6 键，插入关键帧。选中"椅子 1"图层的第 30 帧，在舞台窗口中将"椅子 1"实例水平向左拖曳到适当的位置，如图 16-17 所示。用鼠标右键单击"椅子 1"图层的第 30 帧，在弹出的快捷菜单中选择"创建传统补间"命令，生成传统补间动画。

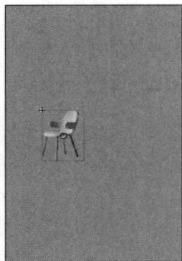
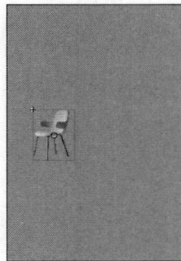

图 16-15　　　　　　　图 16-16　　　　　　　图 16-17

（4）在"时间轴"面板中创建新图层并将其命名为"文字 3"。选中"文字 3"图层的第 40 帧，按 F6 键，插入关键帧。选择"文本"工具 T，在"属性"面板"工具"选项卡中进行设置，在舞台窗口中的适当位置输入"大小"为 192、字体为"方正兰亭粗黑简体"的白色文字，文字效果如图 16-18 所示。

（5）选中输入的文字，按 F8 键，在弹出的"转换为元件"对话框中进行设置，如图 16-19 所示，设置完成后，单击"确定"按钮，将选中的文字转换为图形元件。

（6）选中"文字 3"图层的第 50 帧，按 F6 键，插入关键帧。选中"文字 3"图层的第 40 帧，在舞台窗口中将"文字 3"实例水平向左拖曳到适当的位置，如图 16-20 所示。

图 16-18　　　　　　　　　　　图 16-19　　　　　　　　　　　图 16-20

（7）用鼠标右键单击"文字 3"图层的第 40 帧，在弹出的快捷菜单中选择"创建传统补间"命令，生成传统补间动画。

（8）在"时间轴"面板中创建新图层并将其命名为"椅子 2"。选中"椅子 2"图层的第 55 帧，按 F6 键，插入关键帧。将"库"面板中的图形元件"椅子 2"拖曳到舞台窗口中，并放置在适当的位置，如图 16-21 所示。

（9）选中"椅子 2"图层的第 60 帧，按 F6 键，插入关键帧。选中"椅子 2"图层的第 55 帧，在舞台窗口中将"椅子 2"实例水平向右拖曳到适当的位置，如图 16-22 所示。用鼠标右键单击"椅子 2"图层的第 55 帧，在弹出的快捷菜单中选择"创建传统补间"命令，生成传统补间动画。

图 16-21　　　　　　　　　　　　　　　　图 16-22

（10）分别选中"椅子 1"图层、"文字 3"图层和"椅子 2"图层的第 79 帧，按 F7 键，插入空白关键帧。选中"底色"图层的第 79 帧，按 F6 键，插入关键帧。

3. 制作画面 3 动画

（1）选中"底色"图层，在舞台窗口中选中矩形，在工具箱中将填充颜色设为灰色（#CDC9C3），效果如图 16-23 所示。

（2）选中"椅子 2"图层，在"时间轴"面板中创建新图层并将其命名为"文字 4"。选中"文字 4"图层的第 80 帧，按 F6 键，插入关键帧。选择"文本"工具 **T**，在"属性"面板"工具"选项卡中进行设置，在舞台窗口中的适当位置输入"大小"为 192、字母间距为-27、字体为"方正兰亭粗黑简体"的白色文字。

（3）选中输入的文字，按 F8 键，在弹出的"转换为元件"对话框中进行设置，如图 16-24 所示，设置完成后，单击"确定"按钮，将选中的文字转换为影片剪辑元件。在"库"面板中双击"文字动"实例，进入影片剪辑元件的舞台窗口，如图 16-25 所示。

图 16-23

图 16-24

图 16-25

（4）保持文字的选取状态，按 Ctrl+B 组合键，将文字分离，如图 16-26 所示。选中文字"极"，如图 16-27 所示。按 F8 键，在弹出的"转换为元件"对话框中进行设置，如图 16-28 所示，设置完成后，单击"确定"按钮，将选中的文字转换为图形元件。

图 16-26

图 16-27

图 16-28

（5）用相同的方法分别将文字"简""自""然"，转换为图形元件"简""自""然"。在舞台窗口中将所有实例选中，选择"修改 > 时间轴 > 分散到图层"命令，将所有实例分散到独立图层，如图 16-29 所示。

（6）选中"极"图层的第 5 帧，按 F6 键，插入关键帧。选中"极"图层的第 1 帧，在舞台窗口中将"极"实例水平向右拖曳到适当的位置，如图 16-30 所示。选中"极"图层的第 20 帧，按 F5 键，插入普通帧。

（7）用鼠标右键单击"极"图层的第 1 帧，在弹出的快捷菜单中选择"创建传统补间"命令，生成传统补间动画。

（8）分别选中"简"图层的第 5 帧和第 9 帧，按 F6 键，插入关键帧。选中"简"图层的第 5 帧，在舞台窗口中将"简"实例水平向右拖曳到适当的位置，如图 16-31 所示。用鼠标右键单击"简"图层的第 5 帧，在弹出的快捷菜单中选择"创建传统补间"命令，生成传统补间动画。选中"简"图层的第 20 帧，按 F5 键，插入普通帧。

（9）分别选中"自"图层的第 9 帧和第 13 帧，按 F6 键，插入关键帧。选中"自"图层的第 9 帧，在舞台窗口中将"自"实例水平向右拖曳到适当的位置，如图 16-32 所示。用鼠标右键单击"自"图层的第 9 帧，在弹出的快捷菜单中选择"创建传统补间"命令，生成传统补间动画。选中"自"图层的第 20 帧，按 F5 键，插入普通帧。

图 16-29

图 16-30

图 16-31

图 16-32

（10）分别选中"然"图层的第 13 帧和第 17 帧，按 F6 键，插入关键帧。选中"然"图层的第 13 帧，在舞台窗口中将"然"实例水平向右拖曳到适当的位置，如图 16-33 所示。用鼠标右键单击"自"图层的第 9 帧，在弹出的快捷菜单中选择"创建传统补间"命令，生成传统补间动画。选中"然"图层的第 20 帧，按 F5 键，插入普通帧。

（11）将"图层_1"重命名为"动作脚本"。选中"动作脚本"图层的第 20 帧，按 F6 键，插入关键帧。选择"窗口 > 动作"命令，弹出"动作"面板，在"脚本窗口"中设置脚本语言，如图 16-34 所示。设置好动作脚本后，关闭"动作"面板。在"动作脚本"图层的第 20 帧上显示出一个标记"a"。

（12）单击舞台窗口左上方的图标 ←，进入"场景 1"的舞台窗口。在"时间轴"面板中创建新图层并将其命名为"桌子"。选中"桌子"图层的第 80 帧，按 F6 键，插入关键帧。将"库"面板中的位图"04"拖曳到舞台窗口中，并放置在适当的位置，如图 16-35 所示。

图 16-33

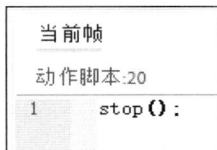

图 16-34

图 16-35

（13）分别选中"文字 4"图层和"桌子"图层的第 120 帧，按 F7 键，插入空白关键帧。选中"底色"图层的第 120 帧，按 F6 键，插入关键帧。

4. 制作画面 4 动画

（1）选中"底色"图层，在舞台窗口中选中矩形，在工具箱中将填充颜色设为绿色（#009999），效果如图 16-36 所示。

（2）选中"桌子"图层，在"时间轴"面板中创建新图层并将其命名为"沙发"。选中"沙发"图层的第 121 帧，按 F6 键，插入关键帧。将"库"面板中的图形元件"沙发"拖曳到舞台窗口中，并放置在适当的位置，如图 16-37 所示。

（3）选中"沙发"图层的第 126 帧，按 F6 键，插入关键帧。选中"沙发"图层的第 121 帧，在舞台窗口中将"沙发"实例水平向右拖曳到适当的位置，如图 16-38 所示。用鼠标右键单击"沙发"图层的第 121 帧，在弹出的快捷菜单中选择"创建传统补间"命令，生成传统补间动画。

图 16-36

图 16-37

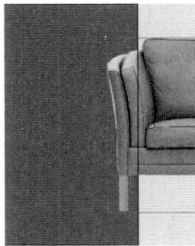

图 16-38

（4）在"时间轴"面板中创建新图层并将其命名为"文字 5"。选中"文字 5"图层的第 130 帧，按 F6 键，插入关键帧。选择"文本"工具 T，在"属性"面板"工具"选项卡中进行设置，在舞台窗口中的适当位置输入"大小"为 192、字母间距为−27、字体为"方正兰亭粗黑简体"的白色文字，文字效果如图 16-39 所示。

（5）选中输入的文字，按 F8 键，在弹出的"转换为元件"对话框中进行设置，如图 16-40 所示，设置完成后，单击"确定"按钮，将选中的文字转换为图形元件。

（6）选中"文字 5"图层的第 135 帧，按 F6 键，插入关键帧。选中"文字 5"图层的第 130 帧，按 Ctrl+T 组合键，在弹出的"变形"面板中，将"缩放宽度""缩放高度"均设为 50.0%，效果如图 16-41 所示。

图 16-39   图 16-40   图 16-41

（7）用鼠标右键单击"文字 5"图层的第 130 帧，在弹出的快捷菜单中选择"创建传统补间"命令，生成传统补间动画。至此，家居装修 MG 动画片头制作完成，按 Ctrl+Enter 组合键即可查看效果。

任务 16.3 制作电子数码 MG 动画片头

16.3.1 任务分析

维新电子科技是一家专注于电子数码产品研发和生产的科技公司。该公司现推出新款智能手机，决定制作一个 MG 动画片头，以展示产品的外观和性能，吸引顾客购买。

在设计过程中，以多个页面展示手机的外观设计、显示设置等。每个功能展示场景都具有流畅的过渡和动画效果，提高观赏性。整个片头画面简洁，风格现代，富有动感，令人耳目一新。

本任务将使用"导入到库"命令和"新建元件"命令导入素材并制作图形元件，使用"变形"面板调整实例的大小及文字的角度，使用"属性"面板调整实例的透明度；使用"创建传统补间"命令制作传统补间动画。

16.3.2 任务效果

本任务的效果如图 16-42 所示。

16.3.3 任务制作

1. 导入素材并制作图形元件

（1）选择"文件 > 新建"命令，弹出"新建文档"对话框，在"详细信息"选项组中，将"宽"设为 720，"高"设为 1280，在"平台类型"下拉列表中选

微课

制作电子数码
MG 动画片头

新体验影像手机

图 16-42

择"ActionScript 3.0"选项，单击"创建"按钮，完成文档的创建。按 Ctrl+J 组合键，弹出"文档设置"对话框，将"舞台颜色"设为灰色（#666666），单击"确定"按钮，完成舞台颜色的修改。

（2）选择"文件 > 导入 > 导入到库"命令，在弹出的"导入到库"对话框中，选择云盘中的"Ch16 > 素材 > 制作电子数码 MG 动画片头 > 01 ~ 05"文件，单击"打开"按钮，将选中的文件导入"库"面板中。

（3）按 Ctrl+F8 组合键，弹出"创建新元件"对话框，在"名称"文本框中输入"图形 1"，在"类型"下拉列表中选择"图形"选项，单击"确定"按钮，新建图形元件"图形 1"，如图 16-43 所示。舞台窗口也随之转换为图形元件的舞台窗口。将"库"面板中的位图"01"拖曳到舞台窗口中，并放置在适当的位置，如图 16-44 所示。

（4）用相同的方法将"库"面板中的位图"02""03""04""05"，分别制作成图形元件"手机 1""手机 2""图形 2""图形 3"，如图 16-45 所示。

图 16-43

图 16-44

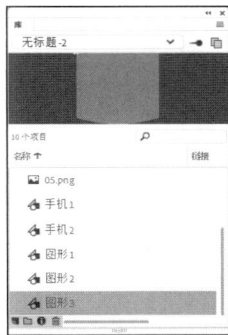
图 16-45

（5）按 Ctrl+F8 组合键，弹出"创建新元件"对话框，在"名称"文本框中输入"文字 1"，在"类型"下拉列表中选择"图形"选项，单击"确定"按钮，新建图形元件"文字 1"。舞台窗口也随之转换为图形元件的舞台窗口。

（6）选择"文本"工具 T，在"属性"面板"工具"选项卡中进行设置，在舞台窗口中的适当位置输入"大小"为 88、字体为"方正正大黑简体"的黑色文字，并设置对齐方式为"居中对齐"，文字效果如图 16-46 所示。

（7）用上述方法制作图形元件"文字 2""文字 3"，并设置相应的文字属性，如图 16-47 和图 16-48 所示。

图 16-46

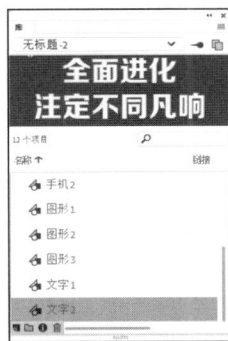
图 16-47

图 16-48

（8）按 Ctrl+F8 组合键，弹出"创建新元件"对话框，在"名称"文本框中输入"矩形 1"，在"类型"下拉列表中选择"图形"选项，单击"确定"按钮，新建图形元件"矩形 1"。舞台窗口也随之转换为图形元件的舞台窗口。

（9）选择"基本矩形"工具 ▇，在工具箱中将笔触颜色设为无，填充颜色设为蓝色（#25C6FE），在舞台窗口中绘制 1 个矩形，保持矩形的选取状态，在"属性"面板"对象"选项卡中，将"宽"设为 360，"高"设为 1280，"X""Y"均设为 0，效果如图 16-49 所示。

（10）用鼠标右键单击"库"面板中的"矩形 1"实例，在弹出的快捷菜单中选择"直接复制"命令，在弹出的"直接复制元件"对话框中进行设置，如图 16-50 所示，设置完成后，单击"确定"按钮，复制元件并生成图形元件"矩形 2"。

（11）在"库"面板中双击"矩形 2"实例，进入图形元件的舞台窗口。选中矩形，在工具箱中将填充颜色设为浅蓝色（#90E2FD），效果如图 16-51 所示。

图 16-49

图 16-50

图 16-51

（12）按 Ctrl+F8 组合键，弹出"创建新元件"对话框，在"名称"文本框中输入"圆形 1"，在"类型"下拉列表中选择"图形"选项，单击"确定"按钮，新建图形元件"圆形 1"。舞台窗口也随之转换为图形元件的舞台窗口。

（13）选择"基本椭圆"工具 ◐，在工具箱中将笔触颜色设为无，填充颜色设为蓝色（#25C6FE），在按住 Shift 键的同时，在舞台窗口中绘制 1 个圆形。保持圆形的选取状态，在"属性"面板"对象"选项卡中，将"宽""高"均设为 1500，"X""Y"均设为 0，效果如图 16-52 所示。

（14）用相同的方法制作图形元件"圆形 2""圆形 3"，并分别设置相应的大小及颜色，如图 16-53 和图 16-54 所示。

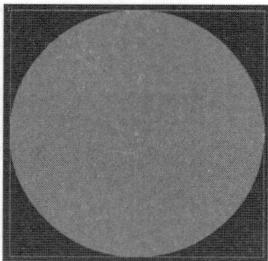

图 16-52

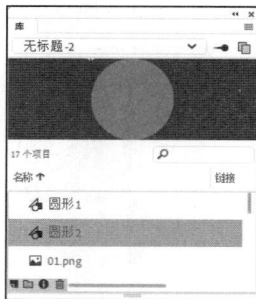

图 16-53

图 16-54

2. 制作画面 1 动画

（1）单击舞台窗口左上方的图标 ←，进入"场景 1"的舞台窗口。将"图层_1"重命名为"矩形 1"。

将"库"面板中的图形元件"矩形 1"拖曳到舞台窗口中，并放置在适当的位置，如图 16-55 所示。

（2）选中"矩形 1"图层的第 10 帧，按 F6 键，插入关键帧。选中第 200 帧，按 F5 键，插入普通帧。选中"矩形 1"图层的第 1 帧，在舞台窗口中将"矩形 1"实例垂直向上拖曳到适当的位置，如图 16-56 所示。用鼠标右键单击"矩形 1"图层的第 1 帧，在弹出的快捷菜单中选择"创建传统补间"命令，生成传统补间动画。

（3）分别选中"矩形 1"图层的第 30 帧、第 40 帧，按 F6 键，插入关键帧。选中"矩形 1"图层的第 40 帧，在舞台窗口中将"矩形 1"实例水平向左拖曳到适当的位置，如图 16-57 所示。用鼠标右键单击"矩形 1"图层的第 30 帧，在弹出的快捷菜单中选择"创建传统补间"命令，生成传统补间动画。

（4）在"时间轴"面板中创建新图层并将其命名为"图形 1"。将"库"面板中的图形元件"图形 1"拖曳到舞台窗口中，并放置在适当的位置，如图 16-58 所示。选中"图形 1"图层的第 10 帧，按 F6 键，插入关键帧。

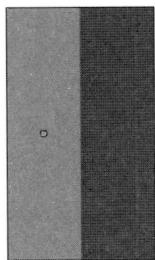 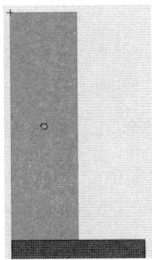  

图 16-55　　　　　　　图 16-56　　　　　　　图 16-57　　　　　　　图 16-58

（5）选中"图形 1"图层的第 1 帧，将"图形 1"实例拖曳到舞台窗口中，并放置在适当的位置，如图 16-59 所示。用鼠标右键单击"图形 1"图层的第 1 帧，在弹出的快捷菜单中选择"创建传统补间"命令，生成传统补间动画。

（6）分别选中"图形 1"图层的第 30 帧、第 40 帧，按 F6 键，插入关键帧。选中"图形 1"图层的第 40 帧，在舞台窗口中将"图形 1"实例水平向右拖曳到适当的位置，如图 16-60 所示。用鼠标右键单击"图形 1"图层的第 30 帧，在弹出的快捷菜单中选择"创建传统补间"命令，生成传统补间动画。

（7）在"时间轴"面板中创建新图层并将其命名为"文字 1"。选中"文字 1"图层的第 5 帧，按 F6 键，插入关键帧。将"库"面板中的图形元件"文字"拖曳到舞台窗口中，并放置在适当的位置，如图 16-61 所示。

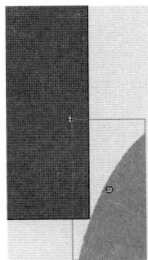 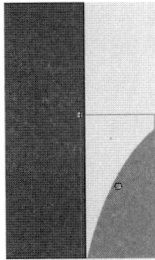 

图 16-59　　　　　　　图 16-60　　　　　　　图 16-61

（8）选中"文字 1"图层的第 10 帧，按 F6 键，插入关键帧。选中"文字 1"图层的第 5 帧，在舞台窗口中选中"文字 1"实例，在"属性"面板"对象"选项卡中，选择"色彩效果"选项组，在样式下拉列表中选择"Alpha"选项，将其值设为 0，如图 16-62 所示，舞台窗口中的效果如图 16-63 所示。用鼠标右键单击"文字 1"图层的第 5 帧，在弹出的快捷菜单中选择"创建传统补间"命令，生成传统补间动画。

图 16-62

图 16-63

3. 制作画面 2 动画

（1）在"时间轴"面板中创建新图层并将其命名为"圆形 1"。选中"圆形 1"图层的第 60 帧，按 F6 键，插入关键帧。将"库"面板中的图形元件"圆形 1"拖曳到舞台窗口中，并放置在适当的位置，如图 16-64 所示。

（2）选中"圆形 1"图层的第 70 帧，按 F6 键，插入关键帧。选中"圆形 1"图层的第 60 帧，在舞台窗口中将"圆形 1"实例拖曳到适当的位置，如图 16-65 所示。用鼠标右键单击"圆形 1"图层的第 60 帧，在弹出的快捷菜单中选择"创建传统补间"命令，生成传统补间动画。

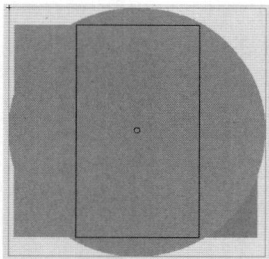

图 16-64

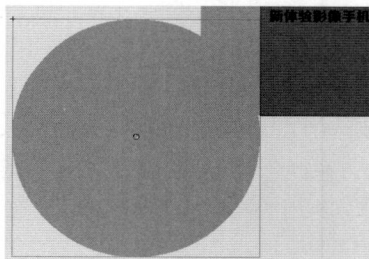

图 16-65

（3）在"时间轴"面板中创建新图层并将其命名为"图形 2"。选中"图形 2"图层的第 70 帧，按 F6 键，插入关键帧。将"库"面板中的图形元件"图形 2"拖曳到舞台窗口中，并放置在适当的位置，如图 16-66 所示。

（4）选中"图形 2"图层的第 80 帧，按 F6 键，插入关键帧。选中"图形 2"图层的第 70 帧，在舞台窗口中将"图形 2"实例拖曳到舞台窗口中适当的位置，如图 16-67 所示。用鼠标右键单击"图形 2"图层的第 70 帧，在弹出的快捷菜单中选择"创建传统补间"命令，生成传统补间动画。

（5）在"时间轴"面板中创建新图层并将其命名为"手机 1"。选中"手机 1"图层的第 70 帧，按 F6 键，插入关键帧。将"库"面板中的图形元件"手机 1"拖曳到舞台窗口中，并放置在适当的位置，如图 16-68 所示。

（6）选中"手机 1"图层的第 80 帧，按 F6 键，插入关键帧。选中"手机 1"图层的第 70 帧，在舞台窗口中将"手机 1"实例水平向右拖曳到适当的位置，如图 16-69 所示。用鼠标右键单击"手机 1"图层的第 70 帧，在弹出的快捷菜单中选择"创建传统补间"命令，生成传统补间动画。

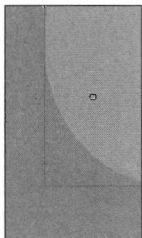
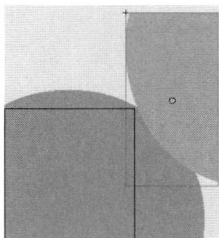

图 16-66　　　　　　　图 16-67　　　　　　　图 16-68　　　　　　　图 16-69

（7）在"时间轴"面板中创建新图层并将其命名为"文字 2"。选中"文字 2"图层的第 70 帧，按 F6 键，插入关键帧。将"库"面板中的图形元件"文字 2"拖曳到舞台窗口中，并放置在适当的位置，如图 16-70 所示。

（8）选中"文字 2"图层的第 80 帧，按 F6 键，插入关键帧。选中"文字 2"图层的第 70 帧，在舞台窗口中将"文字 2"实例水平向左拖曳到适当的位置，如图 16-71 所示。用鼠标右键单击"文字 2"图层的第 70 帧，在弹出的快捷菜单中选择"创建传统补间"命令，生成传统补间动画。

（9）在"时间轴"面板中创建新图层并将其命名为"圆形 2"。选中"圆形 2"图层的第 70 帧，按 F6 键，插入关键帧。将"库"面板中的图形元件"圆形 2"拖曳到舞台窗口中，并放置在适当的位置，如图 16-72 所示。

（10）选中"圆形 2"图层的第 80 帧，按 F6 键，插入关键帧。选中"圆形 2"图层的第 70 帧，按 Ctrl+T 组合键，在弹出的"变形"面板中，将"缩放宽度""缩放高度"均设为 0.2%，如图 16-73 所示。用鼠标右键单击"圆形 2"图层的第 70 帧，在弹出的快捷菜单中选择"创建传统补间"命令，生成传统补间动画。

图 16-70　　　　　　　图 16-71　　　　　　　图 16-72　　　　　　　图 16-73

4. 制作画面 3 动画

（1）在"时间轴"面板中创建新图层并将其命名为"矩形 2"。选中"矩形 2"图层的第 110 帧，按 F6 键，插入关键帧。将"库"面板中的图形元件"矩形 2"拖曳到舞台窗口中，并放置在适当的位置，如图 16-74 所示。

（2）选中"矩形 2"图层的第 120 帧，按 F6 键，插入关键帧。选中"矩形 2"图层的第 110 帧，在舞台窗口中将"矩形 2"实例垂直向上拖曳到适当的位置，如图 16-75 所示。用鼠标右键单击"矩形 2"图层的第 110 帧，在弹出的快捷菜单中选择"创建传统补间"命令，生成传统补间动画。

（3）在"时间轴"面板中创建新图层并将其命名为"矩形 3"。选中"矩形 3"图层的第 110 帧，按 F6 键，插入关键帧。将"库"面板中的图形元件"矩形 2"拖曳到舞台窗口中，并放置在适当的位置，如图 16-76 所示。

（4）选中"矩形 3"图层的第 120 帧，按 F6 键，插入关键帧。选中"矩形 3"图层的第 110 帧，在舞台窗口中将"矩形 3"实例垂直向下拖曳到适当的位置，如图 16-77 所示。用鼠标右键单击"矩形 3"图层的第 110 帧，在弹出的快捷菜单中选择"创建传统补间"命令，生成传统补间动画。

 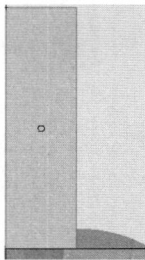 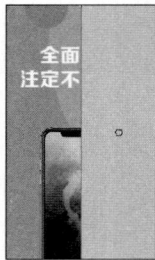 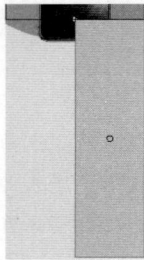

图 16-74　　　　　　　　图 16-75　　　　　　　　图 16-76　　　　　　　　图 16-77

（5）在"时间轴"面板中创建新图层并将其命名为"图形 3"。选中"图形 3"图层的第 130 帧，按 F6 键，插入关键帧。将"库"面板中的图形元件"图形 3"拖曳到舞台窗口中，并放置在适当的位置，如图 16-78 所示。

（6）选中"图形 3"图层的第 140 帧，按 F6 键，插入关键帧。在舞台窗口中将"图形 3"实例垂直向下拖曳到适当的位置，如图 16-79 所示。用鼠标右键单击"图形 3"图层的第 130 帧，在弹出的快捷菜单中选择"创建传统补间"命令，生成传统补间动画。

（7）在"时间轴"面板中创建新图层并将其命名为"圆形 3"。选中"圆形 3"图层的第 135 帧，按 F6 键，插入关键帧。将"库"面板中的图形元件"圆形 3"拖曳到舞台窗口中，并放置在适当的位置，如图 16-80 所示。

（8）选中"圆形 3"图层的第 145 帧，按 F6 键，插入关键帧。选中"圆形 3"图层的第 135 帧，按 Ctrl+T 组合键，在弹出的"变形"面板中，将"缩放宽度""缩放高度"均设为 0.2%，如图 16-81 所示。用鼠标右键单击"圆形 3"图层的第 135 帧，在弹出的快捷菜单中选择"创建传统补间"命令，生成传统补间动画。

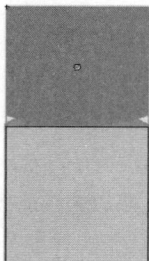 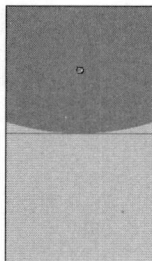 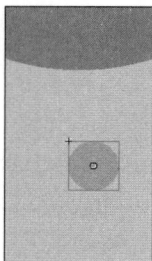 

图 16-78　　　　　　　　图 16-79　　　　　　　　图 16-80　　　　　　　　图 16-81

（9）在"时间轴"面板中创建新图层并将其命名为"手机 2"。选中"手机 2"图层的第 140 帧，按 F6 键，插入关键帧。将"库"面板中的图形元件"手机 2"拖曳到舞台窗口中，并放置在适当的位置，如图 16-82 所示。

（10）选中"手机2"图层的第150帧，按F6键，插入关键帧。选中"手机2"图层的第140帧，按Ctrl+T组合键，在弹出的"变形"面板中，将"缩放宽度""缩放高度"均设为0.2%。用鼠标右键单击"手机2"图层的第140帧，在弹出的快捷菜单中选择"创建传统补间"命令，生成传统补间动画。

（11）"时间轴"面板中创建新图层并将其命名为"文字3"。选中"文字3"图层的第130帧，按F6键，插入关键帧。将"库"面板中的图形元件"文字3"拖曳到舞台窗口中，并放置在适当的位置，如图16-83所示。

（12）选中"文字3"图层的第140帧，按F6键，插入关键帧。在舞台窗口中将"文字3"实例垂直向上拖曳到适当的位置，如图16-84所示。用鼠标右键单击"文字3"图层的第130帧，在弹出的快捷菜单中选择"创建传统补间"命令，生成传统补间动画。

（13）按Ctrl+J组合键，弹出"文档设置"对话框，将"舞台颜色"设为白色，单击"确定"按钮，完成舞台颜色的修改。至此，电子数码MG动画片头制作完成，按Ctrl+Enter组合键即可查看效果。

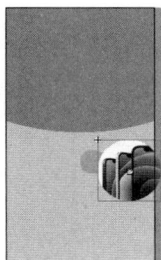
图 16-82

图 16-83

图 16-84

项目实践 ——制作食品餐饮 MG 动画片头

🔗 实践知识要点

使用"导入到库"命令导入素材并制作图形元件，使用文本工具输入文字，使用"创建传统补间"命令制作传统补间动画，使用"场景"面板制作多场景动画效果。食品餐饮MG动画片头效果如图16-85所示。

图 16-85

微课

制作食品餐饮
MG 动画片头

◉ **效果所在位置**

云盘/Ch16/效果/制作食品餐饮 MG 动画片头. fla。

课后习题 ——制作早安动画片头

🔗 **习题知识要点**

　　使用"导入到库"命令导入素材文件，使用"帧"命令延长动画的播放时间，使用"新建元件"命令创建影片剪辑元件；使用"插入关键帧"命令制作帧动画效果，使用"动作"面板添加动作脚本，使用声音文件为动画添加音效。早安动画片头效果如图 16-86 所示。

图 16-86

◉ **效果所在位置**

云盘/Ch16/效果/制作早安动画片头. fla。